PLANS DE POSE

DE

SONNERIES ÉLECTRIQUES

EN VENTE A LA MÊME LIBRAIRIE

BIBLIOTHÈQUE DES ACTUALITÉS INDUSTRIELLES. — N° 140

ALBUM
DE
PLANS DE POSE
DE SONNERIES ÉLECTRIQUES

AVERTISSEURS - TABLEAUX INDICATEURS

PARATONNERRES

PAR

H. DE GRAFFIGNY

INGÉNIEUR ÉLECTRICIEN

TROISIÈME ÉDITION

PARIS

Librairie Bernard TIGNOL

GAUTHIER-VILLARS et Cie, successeurs

53 *bis*, Quai des Grands-Augustins (VIe)

—

1922

EN VENTE A LA MÊME LIBRAIRIE

Manuel pratique du Téléphone, 1re partie. — Installations privées. — Téléphone. — Microphone et Radiophone, par Théodore SCHWARTZE. — 4e édition française, par S. FOURNIER et D. TOMMASI. — 1 vol. in-16, avec 153 figures dans le texte. Prix.......... **8 fr.**

2e partie. — Traité de Téléphonie. — Installations industrielles à grandes distances, par le Dr V. WIETLISBACH. — 1 vol. in-16, avec 153 figures dans le texte. Prix.......... **8 fr.**

L'Horlogerie électrique, par A. TOBLER, professeur à l'Ecole Polytechnique de Zurich. — 2e édition française, revue et augmentée, par L. DE BELFORT DE LAROQUE, ingénieur civil. — 1 volume in-16, avec 65 figures dans le texte. Prix.......... **6 fr.**

Les Piles électriques et les Piles thermo-électriques, par W. HAUCK. — 3e édition française, par G. FOURNIER, ingénieur-électricien. — 1 fort vol. in-16, orné de 71 figures dans le texte. — Prix.......... **9 fr.**

Manuel pratique de Traction des Tramways électriques, par Georges DAUSSY, chef de l'exploitation des tramways de Toulon, in-8o, planches et figures. Cartonné toile anglaise. — Prix.......... **10 fr.**

Les lampes électriques. Régulateurs. — Incandescence. — Par P. D'URBANITZKI. — Deuxième édition française, revue et augmentée, par Georges FOURNIER, ingénieur-électricien. — Un beau volume in-16 de 250 pages avec 126 figures dans le texte. — Prix.......... **9 fr.**

Manuel pratique de Télégraphie sans fil. — Notions de mécanique. — Electricité statique. — Etude sommaire du courant électrique utilisé en T. S. F. — Principaux appareils communs à l'électricité ordinaire et à la T. S. F. — Télégraphie. — Téléphonie. — Télégraphie sans fil. — Généralités. — Appareils et postes de réception. — Conduite et entretien d'un poste de T. S. F., par J. GALOPIN, ingénieur civil, directeur de l'Ecole des mécaniciens de la Marine marchande de la Rochelle. — 1 vol. in-16 de 366 pages et 218 figures. — Prix. **13 fr. 50**

INTRODUCTION

Cet Album de Plans de pose, le troisième et dernier de la série, est consacré en majeure partie aux réseaux de sonnettes électriques d'appartement, et il est complété par quelques schémas relatifs aux avertisseurs d'incendie, gâches, répétition de l'heure à distance et enfin aux paratonnerres.

Nous avons choisi dans chaque série d'applications, les types d'installations en quelque sorte classiques et répondant aux cas qui se représentent le plus fréquemment dans la pratique.

De même que dans les deux albums précédents, nous avons procédé du plus simple au plus difficile, commençant par la pose d'une sonnette unique commandée par un seul bouton d'appel, pour terminer par des installations de réseaux complets de maisons particulières, d'hôtels, etc. Une partie importante de l'ouvrage a été réservée aux installations avec tableaux-indicateurs simples ou doublés de répétiteurs, en raison de l'utilité que présentent ces appareils.

Nous nous sommes surtout attaché, dans l'établissement de ces schémas, à permettre une lecture facile du dessin, de manière à ce que l'on puisse distinguer aisément les divers fils et les suivre dans leur trajet entre leurs points d'attache, depuis l'arrivée jusqu'au départ. Dans tous ces plans, le *fil positif*, partant du pôle charbon de la pile est représenté par une ligne faite de petites croix (+) rappelant la désignation de ce pôle dans tous les traités d'électricité, alors que le fil *négatif* est représenté par des traits interrompus (—), signifiant *moins*, tandis que le positif est marqué par *plus*.

Une nouvelle amélioration apportée à l'établissement de ces schémas a consisté à représenter les divers appareils composant chaque installation, non pas par indications purement schématiques et conventionnelles souvent incompréhensibles pour les débutants, mais bien sous l'aspect réel que ces appareils affectent, c'est là pensons-nous un point qui a son importance car on ne saurait trop faciliter la lecture de plans souvent compliqués.

Ainsi composé et rassemblant les cas les plus utiles à connaître concernant l'utilisation des sonneries, tableaux, avertisseurs, gâches, paratonnerres, etc, cet album complétera les deux précédents consacrés aux *Téléphones* et à l'*Eclairage Electrique*, et nous pensons que, comme ceux-ci, il pourra rendre quelques services aux praticiens et aux amateurs désireux de posséder un guide sérieux pour la mise en place des divers appareils que nous venons d'énumérer.

L'Auteur.

TABLE DE L'OUVRAGE

PLANCHE 1

Un bouton actionnant une sonnette.
Un bouton actionnant plusieurs sonnettes.

L'installation la plus simple à réaliser est celle d'une sonnette électrique commandée par le jeu d'un interrupteur, ordinairement un bouton à paillettes. Le matériel à mettre en place est simple et consiste en une sonnette à trembleur, un bouton et une pile composée d'au moins deux éléments au sel ammoniac, type Leclanché.

La sonnette est accrochée au mur à l'endroit convenable, de même que le bouton d'appel, la première au moyen de clous à crochet, l'autre à l'aide de vis enfoncées dans des *tampons* en bois. La pile, enfermée dans une petite boîte en bois blanc, est posée sur le sol ou sur une planche supportée par des consoles ou des tasseaux Le pôle *négatif* (crayon de zinc) est relié à l'une des bornes de la sonnette, et le pôle *positif* (vase poreux ou aggloméré de charbon et de peroxyde de manganèse) va s'attacher à une paillette du bouton. (On dévisse le couvercle de ce bouton et on fixe l'extrémité dénudée du fil sous une des petites vis maintenant la paillette sur le socle). On fixe de la même façon un autre fil sous la paillette restée libre et on conduit ce fil à la borne demeurée libre de la sonnette. Le fil partant du zinc et le fil partant du bouton sont tendus côte à côte le long des corniches jusqu'à la sonnerie, et ils sont supportés, soit par des isolateurs en os, des poulies en porcelaine émaillée, des cavaliers en fer émaillé, des taquets en bois, etc., sur tout leur trajet.

A l'état ordinaire, le courant de la pile ne peut parvenir à l'électro de la sonnerie et celle-ci reste muette, mais si l'on appuie du doigt sur le bouton, le ressort intérieur cède, les deux paillettes viennent en contact, la solution de continuité dans le courant électrique est supprimée, et le circuit se trouve fermé de la pile sur la sonnette qui entre aussitôt en branle et résonne bruyamment.

Par ce qui précède, on voit que l'installation comporte trois fils conducteurs : 1° le fil *négatif* allant directement du zinc à la sonnette ; 2° le fil *positif* allant du charbon à l'une des paillettes du bouton ; 3° le *fil de ligne* ou *de retour* se rendant du bouton à la sonnette.

Le schéma II de la même planche montre la disposition de deux sonneries fonctionnant simultanément sous la commande d'un unique bouton. Le fil partant du zinc se bifurque pour s'attacher à une des bornes de chaque sonnette ; le fil charbon va à une paillette du bouton, et le fil de ligne, partant de l'autre paillette de ce bouton se bifurque à son tour pour desservir les bornes restant libres des sonnettes. Le courant se partage donc entre les deux avertisseurs.

Les sonnettes peuvent encore être montées soit *en série*, soit en *dérivation*. Dans le premier cas, un fil réunit la borne de droite de la première sonnette à la borne gauche de l'autre, de façon que ces deux appareils sont solidaires étant en quelque sorte embrochés sur le même fil. Cette disposition exige la synchronisation des armatures, autrement dit elle veut des électros possédant rigoureusement le même nombre de tours de fil sur leurs noyaux, autrement la sonnette la moins résistante absorbe tout le courant et résonne seule, l'autre restant muette.

Il est donc préférable de monter les appareils en dérivation, la borne de gauche de chaque sonnette étant en communication avec le fil venant du zinc, la borne de droite étant reliée au fil de ligne. Par cette méthode les deux sonnettes fonctionnent ensemble et on a la certitude d'un résultat conforme aux prévisions.

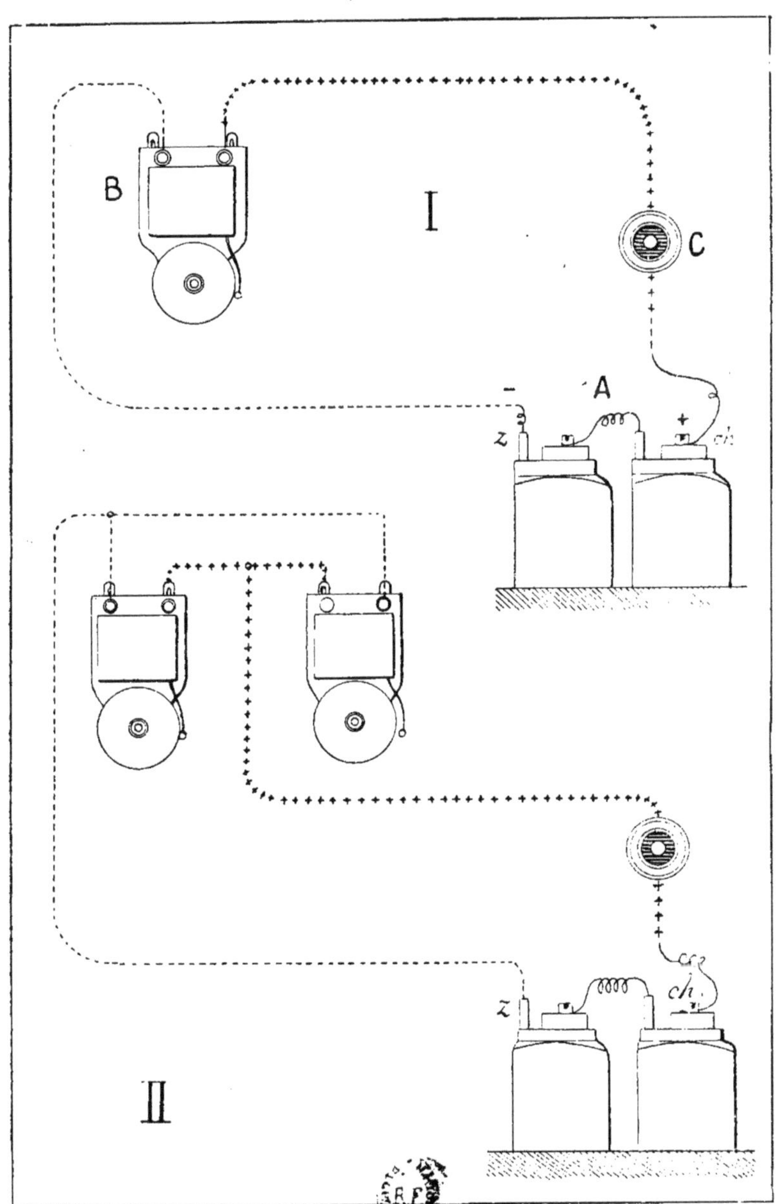

Plan 1. — I. Un bouton A actionnant une sonnette B par l'intermédiaire du bouton C. — II. Deux sonnettes commandées simultanément par un seul bouton.

PLANCHE 2

Trois boutons commandant une sonnette.

Deux boutons commandant chacun une sonnette distincte.

Dans le schéma I, l'installation comporte une sonnette unique que l'on peut actionner de trois endroits différents de l'appartement où l'on a placé des boutons d'appel.

Comme dans le schéma de la planche précédente, le fil partant du zinc de la pile se rend sans interruption à la borne de gauche de la sonnette ; le fil partant du charbon se bifurque, pour aller s'attacher à l'une des paillettes de chacun des deux boutons. Le conducteur de retour s'attachant à la deuxième borne de la sonnette, se bifurque sur son trajet, pour aller desservir la paillette libre des deux boutons.

Par cet agencement, en appuyant sur l'un ou l'autre des boutons, le circuit électrique se trouve fermé et le courant de la pile parvient à la sonnette qui se met aussitôt à vibrer.

Le but poursuivi et réalisé par le schéma II n'est pas le même. Chacun des boutons commande une sonnette particulière, et pour cela, le fil partant du zinc de la pile se bifurque pour aller se fixer à l'une des bornes de chaque sonnette. Le fil positif se bifurque également pour se rendre à l'une des paillettes de chaque bouton d'appel, et il y a deux fils de retour distincts partant, le premier de la borne restant libre de la sonnette 1 pour se rendre à la paillette du bouton 1 ; le deuxième de la borne libre de la sonnette 2 pour aller à la paillette du bouton 2. Par cet agencement, et avec la même batterie, source de courant, on peut faire sonner individuellement l'un ou l'autre avertisseur sonore, ou les deux en même temps, en appuyant à la fois sur les deux boutons d'appel.

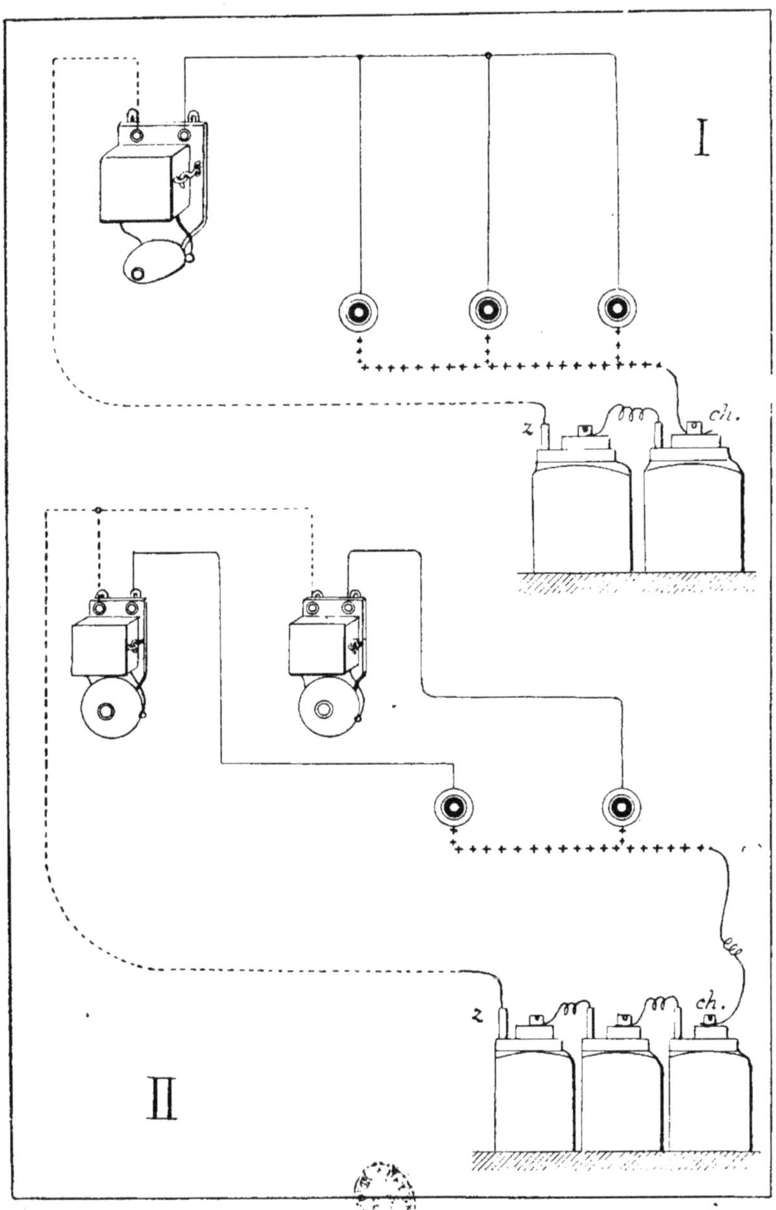

Plan 2. — I. Trois boutons commandant une sonnette unique. — II. Deux boutons commandant chacun une sonnette distincte.

PLANCHE 3

Un bouton actionnant individuellement quatre sonnettes.

L'installation représentée par le plan 3 comporte quatre sonnettes électriques, pouvant être disséminées dans diverses pièces d'une maison ou d'un appartement, et que l'on actionne d'un endroit déterminé, non pas toutes ensemble, mais individuellement, suivant que l'on veut appeler une personne se trouvant dans l'une ou l'autre des pièces possédant une de ces sonnettes.

Pour obtenir le résultat désiré, il suffit d'adjoindre au bouton d'appel un *commutateur* comportant autant de plots que le réseau compte de sonnettes, chaque plot correspondant à une sonnette distincte. En mettant la manette sur le plot 1 et en appuyant ensuite sur le bouton, la sonnerie 1 résonne ; sur le plot 2, c'est la sonnerie 2 qui tinte, et ainsi de suite.

Le montage des conducteurs ne présente aucune difficulté particulière. Le charbon (pôle positif) est relié à l'une des paillettes du bouton dont l'autre paillette est en communication avec le pivot de la manette du commutateur. Le fil négatif (zinc) se rend à l'une des bornes de la sonnette la plus éloignée, et sur son trajet, des conducteurs secondaires le mettent en relation avec une borne de chacune des autres sonnettes. De chaque plot du commutateur part un fil (soit quatre fils pour le cas qui nous occupe), fil allant s'attacher à la borne libre de chacune des sonnettes composant le réseau.

Il est aisé de comprendre le fonctionnement, d'après l'examen du schéma, et de se rendre compte comment, par la seule adjonction d'un simple commutateur à manette, on peut envoyer le courant émanant de la pile dans l'un ou l'autre des récepteurs sur lequel le circuit se trouve fermé. Le réseau comporte cinq fils au total (un négatif, quatre positifs), plus les conducteurs secondaires au nombre de trois, branchés sur le fil négatif, autrement dit huit fils (deux par sonnerie).

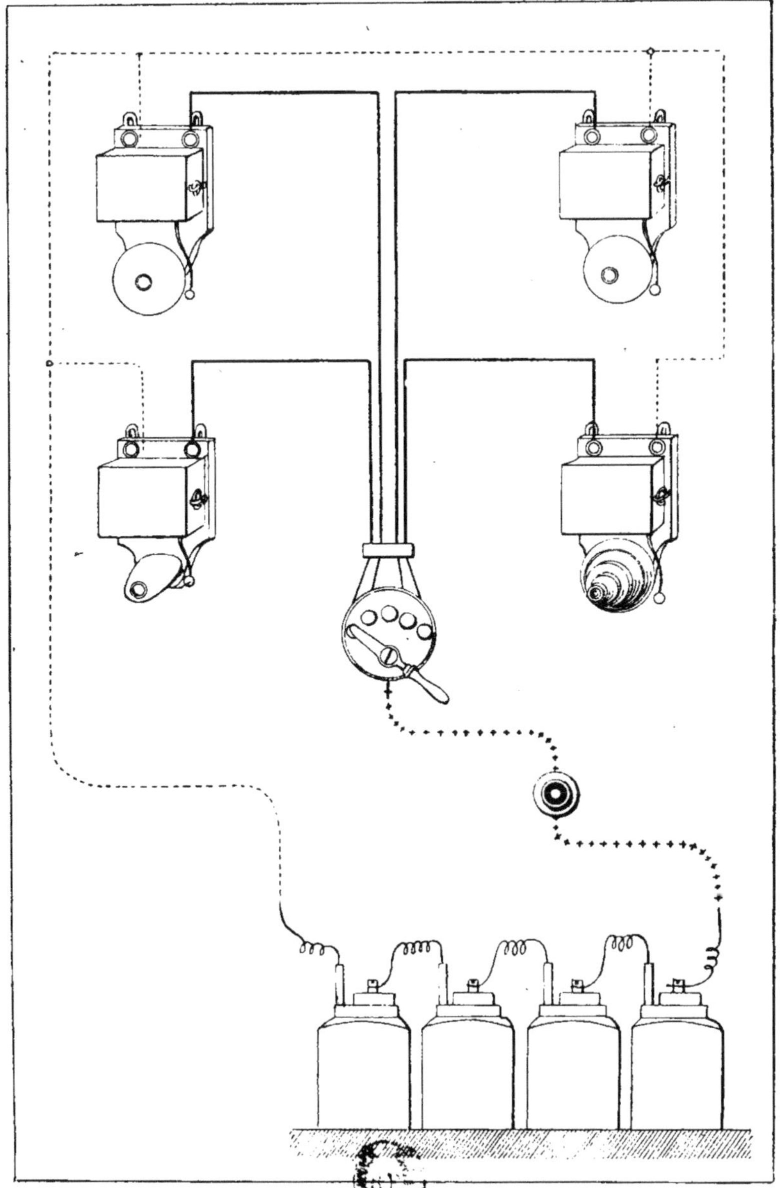

Plan 3. — Un bouton actionnant individuellement quatre sonnettes par l'intermédiaire d'un commutateur à quatre plots.

PLANCHE 4

Service de porte d'entrée.

Au lieu d'un bouton à pression pour produire l'appel, on peut faire usage, soit exclusivement, soit concurremment avec le bouton, d'appareils d'intercommunication variés, principalement de *contacts* fermant le circuit électrique sur la sonnette au moment de l'ouverture de la porte ou tant que la porte reste ouverte. La même pile peut actionner ces différents appareils.

Dans la planche 4, en sus du bouton d'appel ordinaire, actionnant deux sonneries, il existe un contact de passage et un contact de sûreté, et le montage s'opère de la façon suivante :

Sur le fil venant du zinc sont embranchés deux conducteurs secondaires reliés chacun à la borne de gauche des sonnettes. Le fil positif reçoit également des conducteurs secondaires allant se fixer : 1° à une paillette du bouton ; 2° à une vis de prise de courant de chaque contact. Il y a deux fils de retour distincts : le premier relie la borne de droite de l'une des sonnettes à la vis libre du contact de sûreté ; le deuxième réunit la borne de droite de l'autre sonnette, d'une part à la paillette restée libre du bouton, et d'autre part, par un conducteur additionnel, à la vis demeurée libre du contact de passage (au-dessus de la porte).

Par ce dispositif, lorsqu'une personne voudra signaler sa présence à la porte, en agissant sur le bouton, les deux sonnettes nctionneront simultanément. Lorsque la porte s'ouvrira, le contact d sûreté logé dans la feuillure sera d'abord dégagé et fermera le circuit, puis ce sera le contact de passage qui agira à son tour quand le battant de la porte, en s'ouvrant viendra comprimer le ressort.

Les deux sonnettes devront donner un son différent permettant de les distinguer l'une de l'autre ; l'une aura un timbre aigu, par exemple, l'autre possédant comme avertisseur sonore une clochette ou un grelot.

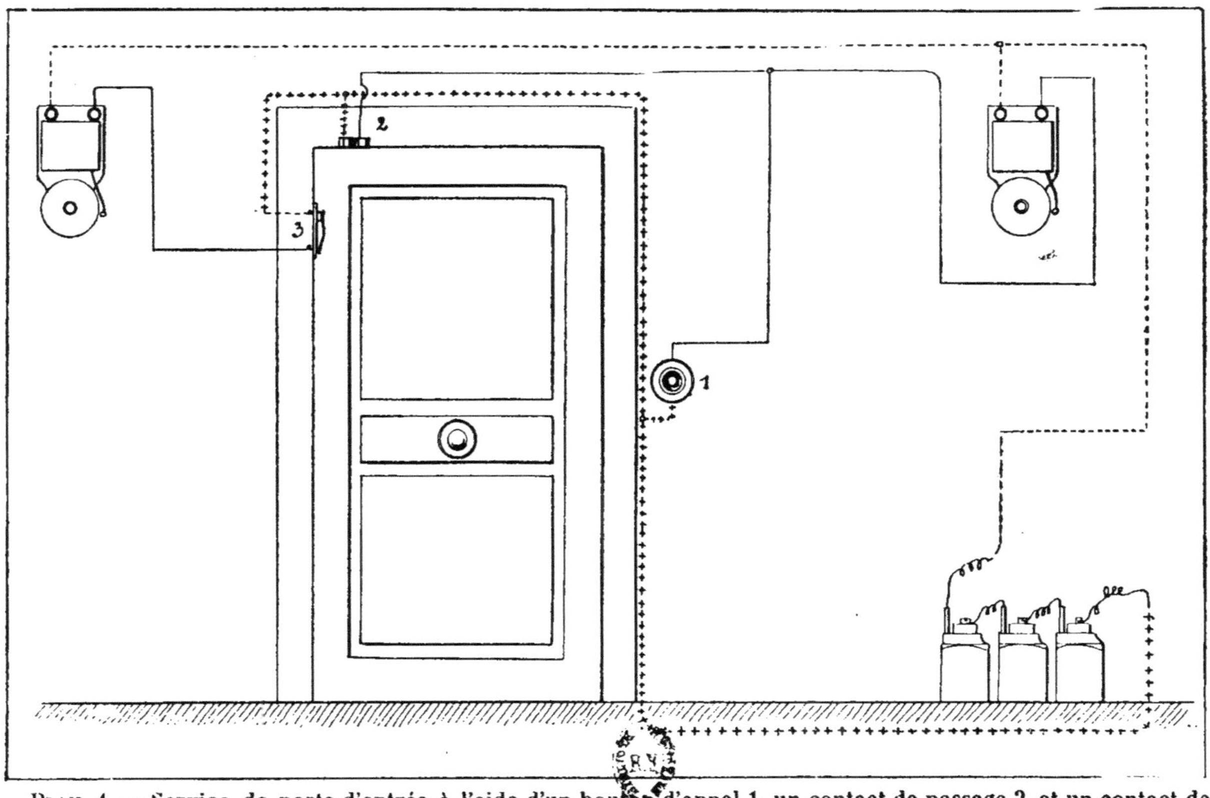

PLAN. 4. — Service de porte d'entrée à l'aide d'un bouton d'appel 1, un contact de passage 2, et un contact de sûreté 3 logé dans la feuillure de la porte.

PLANCHE 5

Pose de contacts de sécurité et de passage.

Les contacts de porte, dits contacts de sécurité ou de passage, suivant qu'ils sont dissimulés à l'intérieur d'une entaille creusée dans la feuillure de la porte ou disposés à la partie supérieure du chambranle, de manière à agir seulement pendant l'instant où le battant de la porte vient soulever la lame élastique fermant le circuit, sont d'un emploi très fréquent en raison de leur utilité. Un commutateur à manette permet de les mettre à volonté hors circuit si l'on veut interrompre le fonctionnement de ces avertisseurs, qui peuvent être branchés sur le circuit d'une sonnette avec bouton d'appel, ainsi que le montre le schéma.

Le fil venant du pôle positif de la pile dessert une vis des appareils de contact et une paillette du bouton. Le fil venant du zinc aboutit toujours directement à une borne de la sonnette ; un fil de retour joint la borne libre de la sonnette à l'autre paillette du bouton et au pivot de l'interrupteur à manette, un dernier fil réunissant le plot de ce dernier appareil à la vis demeurée libre des contacts.

Avec un contact de feuillure, la sonnette électrique tinte tant que le vantail de la porte demeure écarté du chambranle ; si l'on ne veut avoir qu'un tintement momentané, le résultat sera atteint avec un contact dit de passage, et le bruit sera d'autant plus court que cet appareil sera éloigné davantage du côté où s'articule le battant, c'est-à-dire près de la feuillure. La sonnette ne résonnera que pendant le temps très bref du passage du vantail devant le ressort établissant le contact.

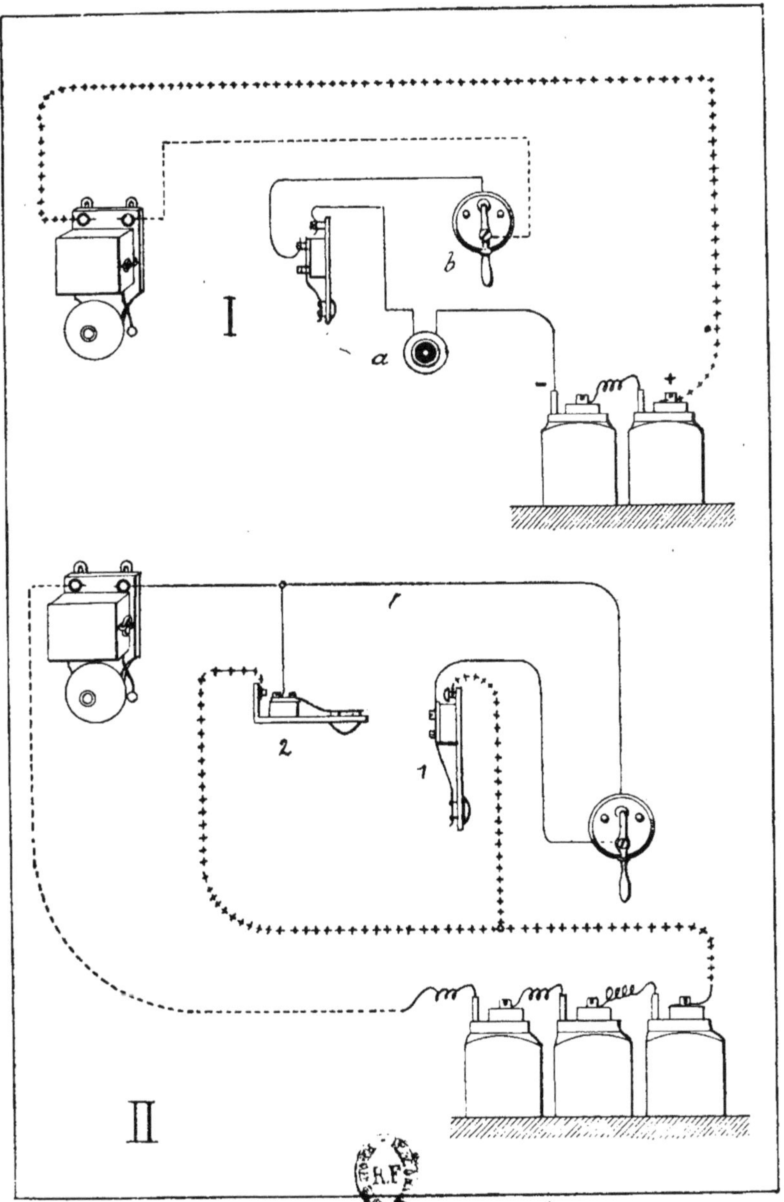

Plan 5. — Pose de contacts de sécurité et de passage. — 1. Contact de feuillure branché sur le circuit du bouton d'appel *a* et pouvant être mis hors circuit à l'aide du commutateur *b*. — II. 1, contact de feuillure ; 2, contact de passage.

PLANCHE 6

Installations avec contacts secrets.
Appel et réponse par boutons à équerre.

Notre schéma I est encore une application des contacts à fonctionnement automatique pouvant être dissimulés dans les baies fermées par des vantaux. L'installation comporte deux sonneries, un contact de passage et un contact de feuillure avec commutateur permettant de faire sonner à volonté l'une ou l'autre sonnerie suivant qu'on le désire.

De même que dans toutes les installations analogues, le fil négatif va s'attacher, en se bifurquant, à une borne de chaque sonnette et le positif est conduit au pivot de l'interrupteur-commutateur des plots duquel partent deux fils de ligne se rendant à l'une des vis de chaque contact. L'autre vis de ces appareils reçoit un fil se rendant à la borne demeurée libre de chacune des sonnettes. En plaçant la manette du commutateur sur le plot de gauche, c'est le contact de passage qui fonctionnera seul, le contact de feuillure étant mis hors circuit. En poussant cette manette sur le plot de droite, c'est l'inverse qui se produira et le contact de passage se trouvera éliminé, le contact de sûreté étant seul en circuit. On peut ainsi réaliser un double service, par exemple, pour le jour et pour la nuit.

Dans le deuxième schéma de cette même planche, deux boutons à équerre permettent d'obtenir l'appel et la réponse à l'aide de deux fils seulement. Ces boutons, de construction particulière, comportent trois paillettes et reçoivent par suite trois fils se rendant, le premier à une des bornes de la sonnette du poste, le deuxième au pôle positif de la pile de ce poste, le troisième constituant l'un des fils de ligne. Le deuxième fil de ligne réunit les pôles négatifs (zincs) des deux postes, et dessert, par des conducteurs secondaires, les bornes demeurées libres des deux sonnettes.

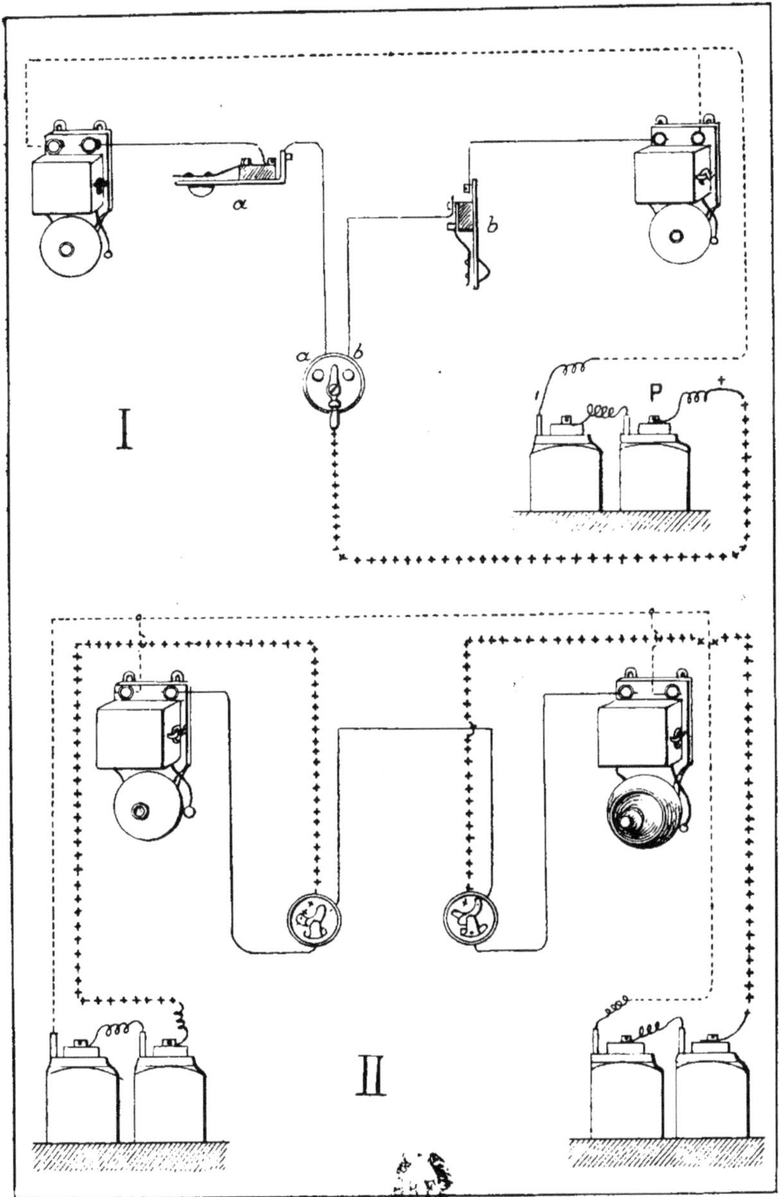

Plan 6. — I. Installation de deux contacts de sécurité pouvant être mis individuellement en service à l'aide du commutateur à plots *a b*. — II. Appel et réponse par boutons à équerre avec deux fils et piles à chaque poste.

PLANCHE 7

Appel et réponse par deux et trois fils de ligne.

Lorsqu'il s'agit de transmettre et d'échanger des communications sonores ou pour mieux dire des appels entre deux points éloignés d'un même domaine, il existe deux procédés présentant chacun leurs avantages et défauts propres. Dans la première méthode, il n'est besoin que de deux fils de ligne, mais alors il faut une pile à chaque poste ; dans l'autre, l'un des postes seul possède une batterie, mais alors il faut un fil de ligne de plus, servant de retour commun pendant l'échange des signaux. On adopte l'une ou l'autre méthode suivant les circonstances et selon qu'il est plus économique d'avoir quelques éléments de piles de plus, plutôt qu'une certaine longueur supplémentaire de conducteurs.

Les deux schémas de cette planche représentent les deux solutions de ce problème d'intercommunication ; en suivant le trajet des fils sur les dessins, on se rend compte du mode de fonctionnement dans les deux cas. Lorsqu'on emploie deux fils il faut une source de courant à chaque poste. Avec trois fils de ligne, le pôle positif de la pile du poste d'émission est relié à une paillette du bouton d'appel de ce poste, alors que le fil négatif va s'attacher à une borne de la sonnette de l'autre poste et à une paillette du bouton de ce poste. La paillette libre de chaque bouton est ensuite mise en relation avec la borne libre de la sonnette de l'autre poste. L'ensemble de l'installation comporte donc deux fils de ligne et le fil négatif de la pile unique.

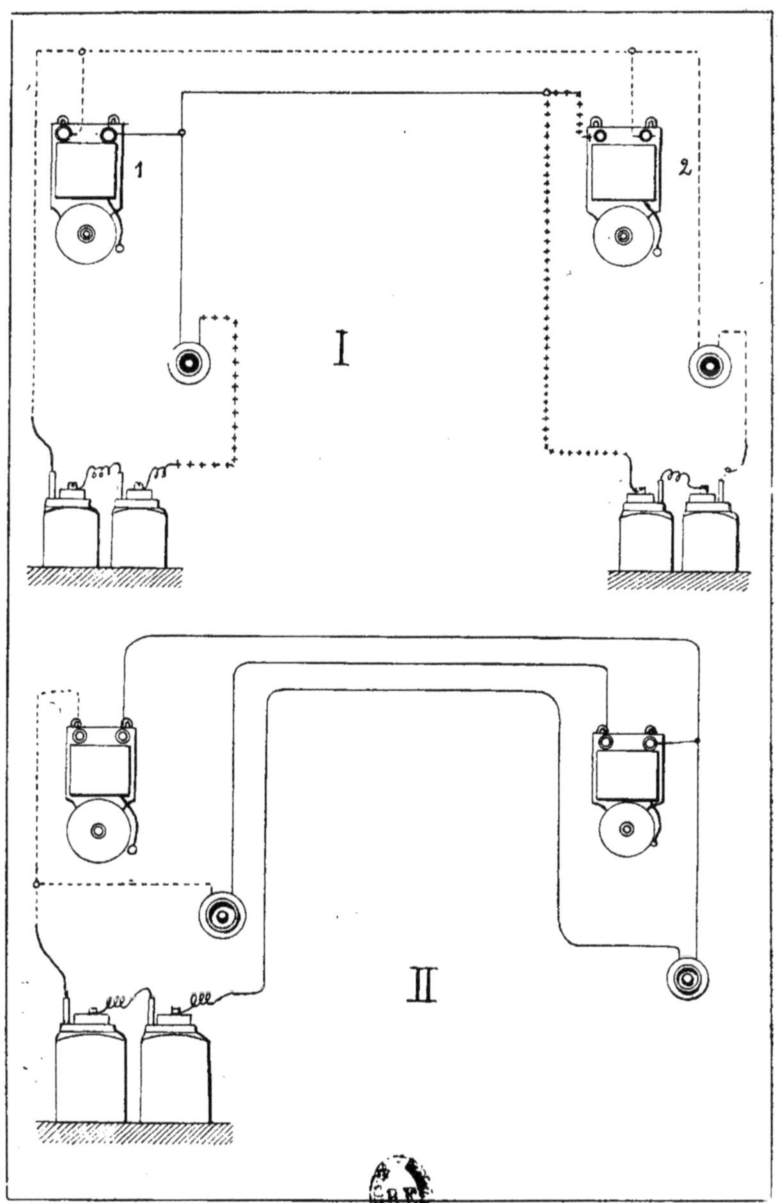

PLAN 7. — I. Appel et réponse par deux fils de ligne, pile à chaque poste. — II. Le même, avec trois fils et une seule batterie.

PLANCHE 8

Installation de plusieurs sonnettes indépendantes.

On connaît sous le nom de *plaques de touche*, des espèces de claviers sur lesquels sont réunis tous les contacts permettant de lancer des appels dans tous les endroits du réseau où l'on a disposé une sonnerie. On a ainsi un appareil unique que l'on peut poser sur un bureau ou accrocher au mur; chaque bouton individuel étant pourvu d'une étiquette indiquant l'endroit en correspondance, aucune erreur n'est possible.

Le Schéma I représente une installation de ce genre, avec trois boutons actionnant, chacun une sonnerie différente, mais il est évident que le nombre des boutons et, par conséquent, des endroits pouvant recevoir un appel, est illimité ; il suffit d'ajouter des fils.

Dans ce système, toutes les paillettes des boutons situées d'un même côté, à droite, par exemple, sont en communication avec le fil positif de la pile dont le négatif dessert, ainsi qu'à l'ordinaire, une borne de chaque sonnette. De la paillette libre de chacun des boutons de la plaque de touche part un fil se rendant à la borne demeurée libre de chacune des sonnettes du réseau. Le courant peut donc être envoyé à volonté dans telle ou telle sonnerie suivant que l'on appuie sur l'un des boutons de la plaque.

Il est quelquefois nécessaire d'intercaler dans le circuit une sonnerie très puissante, parce qu'elle est actionnée par une batterie composée d'un certain nombre d'éléments, une sonnette beaucoup moins forte et n'ayant besoin, pour vibrer, que d'un courant alimentant la première étant, d'autre part, susceptible de détériorer son mécanisme. Dans ce cas, représenté par le schéma II, on a recours à divers expédients. On peut prendre la sonnerie B avec électro entouré de fil extrêmement fin et armature munie d'un ressort de rappel très énergique, ou mettre en série avec ce ressort une résistance supplémentaire convenablement calculée. Mais au lieu de gaspiller bien inutilement dans une semblable résistance le courant fourni par les piles, il sera certainement plus économique, et surtout plus rationnel, de recourir à un troisième fil de ligne qui, passant par un bouton spécial se rend d'une borne de la sonnerie B à la pile, dans le but d'y puiser, non la totalité, mais une partie seulement du courant, comme le montre le schéma.

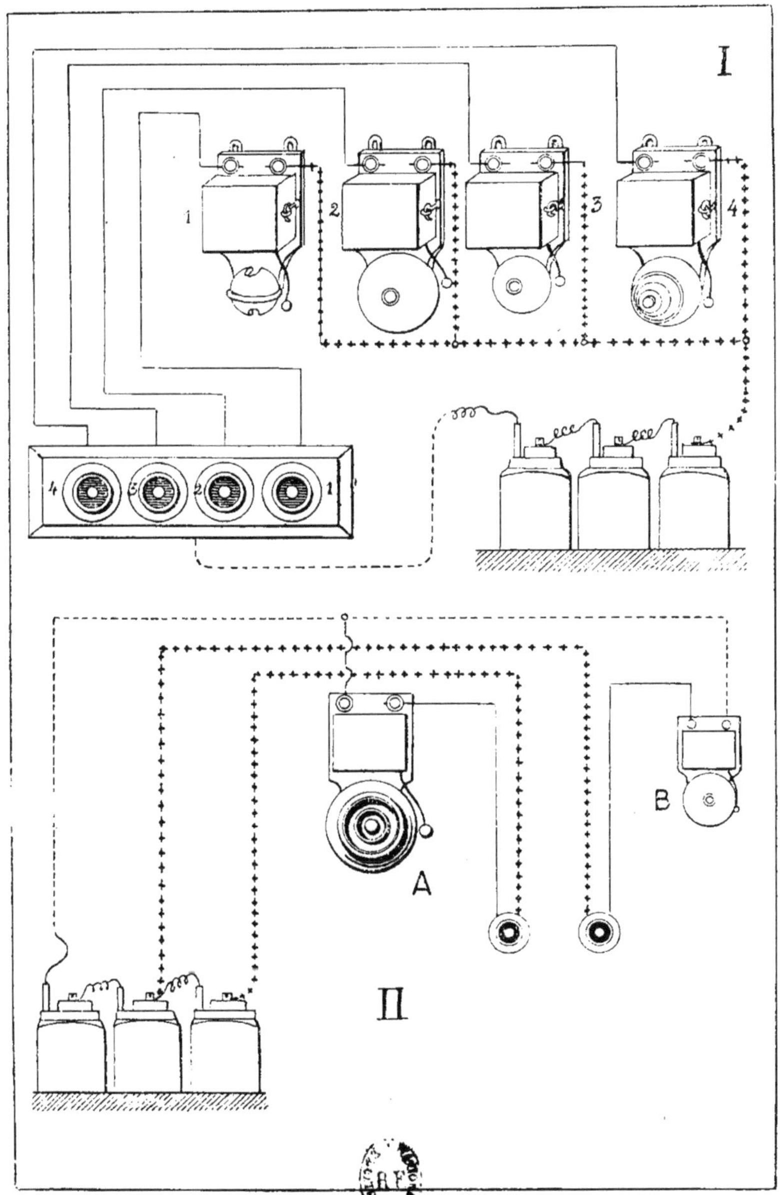

PLAN 8. — I. Installation d'une plaque de touche à quatre boutons, correspondant chacun à une sonnette distincte. — II. Pose de deux sonnettes. A, très forte; B, plus petite et servant de répétitrice.

PLANCHE 9

Installation de trois sonneries et deux boutons.

Dans cette installation, deux boutons permettent de faire fonctionner simultanément deux sonnettes, l'une ou l'autre des extrêmes, en même temps que celle du milieu. Ce résultat est obtenu en donnant aux fils du réseau l'agencement qui va être décrit.

Fil positif. — Il est en rapport avec la paillette de droite de chaque bouton d'appel.

Fil négatif. — Il va s'attacher directement, sans subir aucune dérivation ni recevoir de fil secondaire, à la borne de droite de la sonnette médiane.

Fils de ligne et de retour. — Ils sont au nombre de trois. Le premier se rend du bouton B^1 à la borne de droite de la sonnette de droite ; le deuxième va du bouton B à la borne de gauche de la sonnette de gauche et le troisième, pourvu d'une dérivation intermédiaire réunit l'une à l'autre les bornes libres des trois sonneries. Le résultat cherché, qui peut présenter un certain intérêt dans diverses circonstances, se trouve ainsi atteint avec le minimum de complication de matériel et de fils conducteurs.

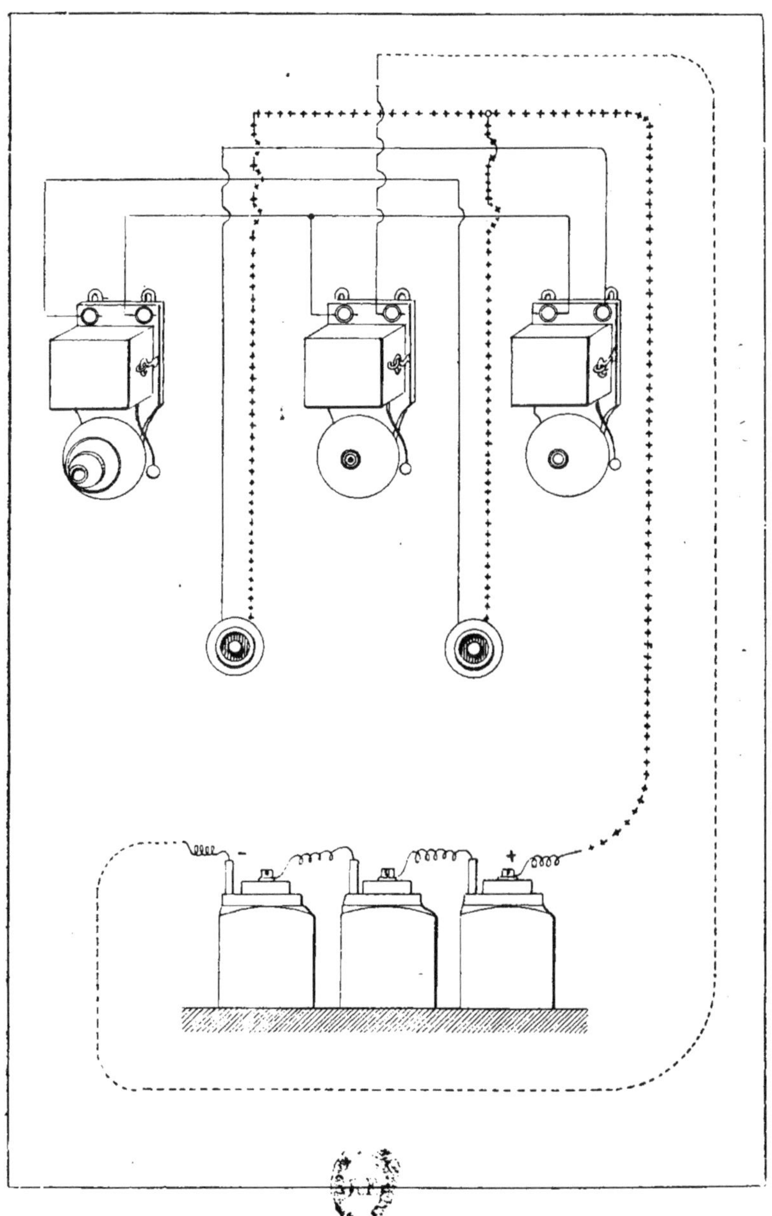

Plan 9. — Installation de trois sonnettes avec deux boutons commandant simultanément deux sonnettes.

PLANCHE 10

Appel sur deux sonnettes. - Installation d'un relais.

Il peut se présenter des cas où il est nécessaire de n'avoir qu'un seul bouton d'appel pouvant cependant faire fonctionner suivant le besoin, soit un timbre *a*, soit une sonnette *b*, et le schéma I indique le procédé qu'il convient alors d'employer.

Le maître de la maison possède un bouton d'appel dans sa chambre à coucher et désire pouvoir appeler la nuit son domestique qui couche à un étage supérieur, ou l'appeler le matin avec le même bouton quand ce domestique, étant descendu de sa chambre, est dans une pièce de l'appartement, le plus souvent la cuisine. On réalise cette donnée en faisant usage d'un petit commutateur à plot unique permettant d'envoyer à volonté le courant de la pile dans l'un ou l'autre des circuits.

Le cummutateur peut être disposé auprès du lit du maître ou de celui du domestique. Dans le premier cas, le maître peut sonner à volonté dans l'une ou dans l'autre des deux pièces où se trouvent les sonnettes en mettant le levier sur le plot correspondant à l'un ou à l'autre de ces sonnettes. Dans le second cas, si *a* est la sonnette de nuit et *b* la sonnette de jour, c'est le domestique qui, en entrant ou en sortant de sa chambre, pousse la manette du commutateur, de manière à mettre en circuit soit la sonnette de sa chambre soit celle de l'appartement.

Dans ces circonstances, le commutateur remplace, comme on peut s'en rendre compte, deux interrupteurs.

On donne le nom de *relais* à des appareils ayant pour but de fermer, au moment du passage du courant envoyé par le poste de départ, le circuit d'une pile locale sur la sonnerie du poste. Ce courant intense et n'ayant aucune résistance à vaincre puisqu'il provient d'une pile placée à quelques mètres de distance à peine de la sonnerie, actionne donc celle-ci beaucoup plus énergiquement que ne le pourrait faire le courant très affaibli pendant le trajet, provenant du poste de départ. Le relais agit donc un peu à la façon d'un commutateur automatique mettant dans le circuit de la pile locale et l'en retirant ensuite, la sonnette du poste d'arrivée.

Le schéma II donne la vue d'une installation simplifiée avec relais, disposition indispensable lorsque la distance à franchir est un peu plus grande. Le relais est muni de quatre bornes en relation, l'une avec le fil négatif, la deuxième avec un fil venant du bouton d'appel, la troisième avec le pôle positif de la pile locale, enfin la quatrième avec la sonnerie de ce même poste, Au poste de départ, le circuit est complété par un fil réunissant le pôle positif de la pile au bouton, tandis qu'au poste d'arrivée, le fil négatif de la pile locale est réuni à la borne de la sonnette, le fil positif de cette même pile allant rejoindre le relais, ainsi qu'il a été dit.

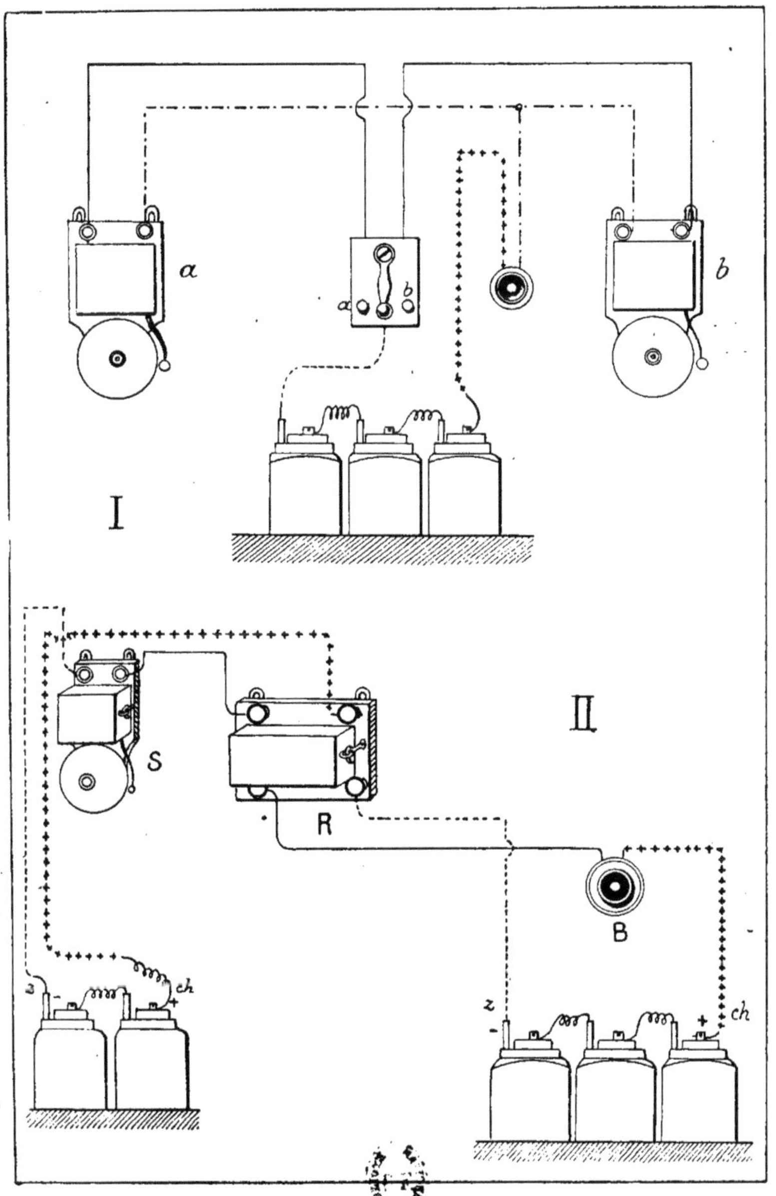

PLAN 10. — I. Appel sur deux sonnettes à l'aide d'un commutateur à deux plots. — II. Installation avec relais, B, boutons d'appel; R, relais; S, sonnette.

PLANCHE 11

Demande et réponse par quatre sonnettes.

Au lieu de deux postes, on peut avoir à mettre en rapport quatre emplacements différents, tout en s'arrangeant de manière à transmettre et recevoir lès signaux de chacun de ces emplacements, c'est-à-dire d'avoir la demande et la réponse de chaque poste.

Le schéma montre l'agencement à mettre à exécution pour quatre sonneries distinctes, alimentées par le courant d'une batterie unique. Le fil négatif (zinc), dessert, par des conducteurs secondaires, une borne de chacune des sonneries du réseau et le fil positif une paillette de chacun des huit boutons d'appel. Il y a huit fils de ligne : quatre partant de la station de départ et quatre de la station d'arrivée, soit neuf fils en tout. Ces fils partent dans les deux sens de la paillette libre des boutons et aboutissent aux bornes libres des sonnettes de l'autre poste. On voit que ce genre d'installation ne présente aucune difficulté particulière pour sa réalisation et qu'elle ne nécessite cependant qu'une unique batterie de piles placée en un point quelconque du réseau.

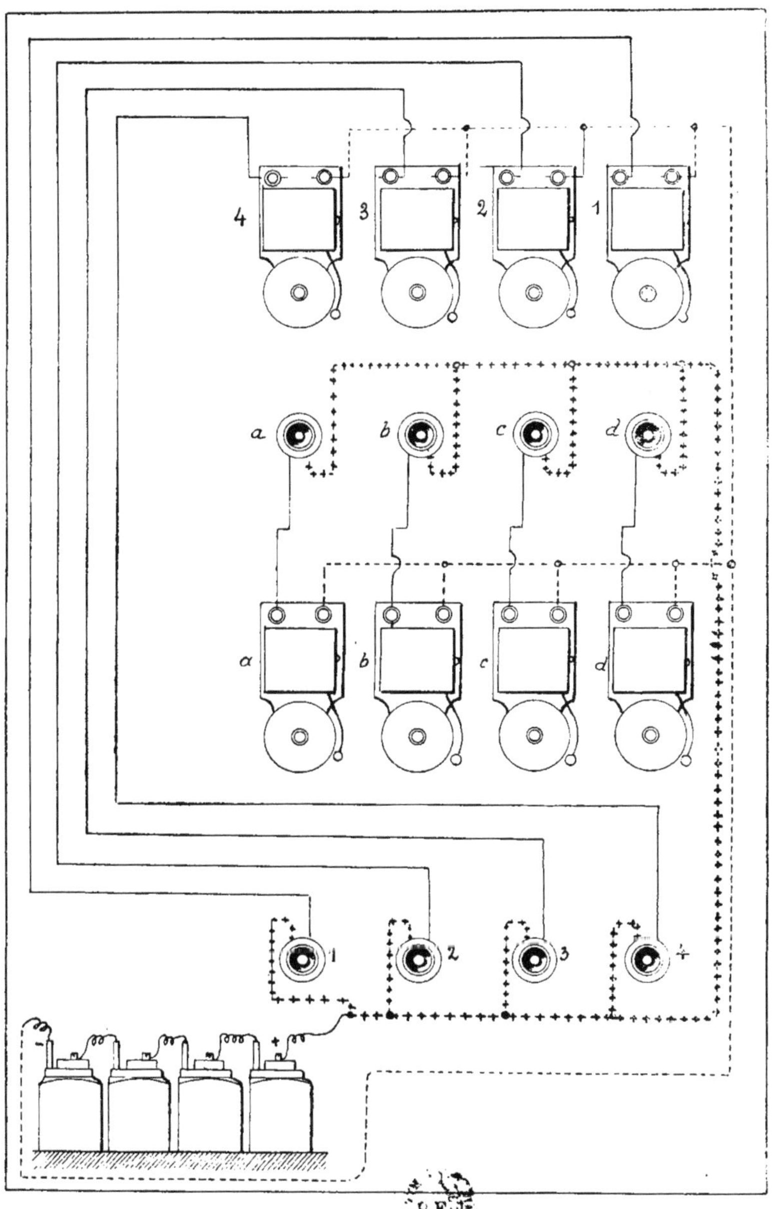

Plan 11. — Demande et réponse par quatre sonnettes commandées par les boutons correspondants (1, 2, 3, 4, appels; *a*, *b*, *c*, *d*, réponses).

PLANCHE 12

Installations avec retour par la terre.

Les postes d'appel et réponse peuvent être organisés, ainsi que nous l'avons montré selon deux méthodes différentes : avec deux fils et batterie à chaque poste, ou trois fils et batterie unique. Si l'on veut économiser, dans les deux méthodes, un fil de ligne, on peut opérer le retour du courant par la terre.

Il n'est pas difficile dans les villes, d'obtenir une bonne *prise* de terre : il suffit de souder le fil partant du pôle négatif de la pile à une conduite d'eau ou de gaz dont les ramifications s'étendent dans le sous-sol; de cette manière le courant se dissémine bien dans le sol sans créer de résistance anormale. Dans les campagnes, la chose est parfois plus difficile, si le sol est de nature sablonneuse ou caillouteuse, car la plaque de terre n'est en contact avec le milieu que par quelques points seulement de sa surface, étant donné la forme irrégulière des pierrailles et leur immuable sécheresse. Il faut alors, quand ce cas se présente, entourer la plaque métallique de charbon de bois ou de braise qui augmente considérablement la surface de contact.

Toutefois, ce mode de procéder pour le retour du courant ne présente de réel avantage, surtout au point de vue économique, que dans le cas où la distance à franchir entre le bouton d'appel et la sonnette est supérieure à 200 mètres. On évite la dépense du fil de retour, mais il faut une batterie composée d'un plus grand nombre d'éléments, travaillant sur des sonneries présentant une résistance très élevée, c'est-à-dire possédant des électros à fil très fin.

Dans le schéma I, il est fait usage de boutons à trois contacts dans lesquels le ressort mobile est en communication permanente avec le fil de ligne, tandis que dans la position de repos, il touche une pièce métallique à laquelle aboutit le fil de la sonnette. Quand on appuie sur le ressort, celui-ci arrive au contact d'une seconde pièce métallique en rapport avec le pôle positif de la pile. Le fil négatif rejoint une borne de sa propre sonnerie et donne naissance au second fil de ligne *m n* qui peut être remplacé par des prises de terre T et T, chaque poste possédant un relais R.

Pour suivre la marche du courant dans ces interrupteurs, supposons que le bouton est poussé et le contact opéré. Le courant arrivant du pôle positif dans la pile, traverse le contact intérieur et pénètre par le ressort central dans le fil de ligne. Au poste d'arrivée, l'électricité passe d'abord dans le ressort du milieu du bouton, et par l'intermédiaire du contact supérieur, le bouton étant dans sa position de repos, elle arrive dans l'électro de la sonnette qui entre aussitôt en vibration. Elle sort de cet appareil par l'autre borne et revient par le fil de retour ou par la terre à la pile qui lui donne naissance.

Les deux schémas de la planche 12 sont relatifs aux emplois de ces boutons à trois contacts avec retour du courant par la terre, chaque poste possédant sa batterie de piles particulière. Le schéma II représente le montage à suivre lorsqu'il est fait usage de relais n'employant qu'une partie des éléments de la batterie pour leur fonctionnement.

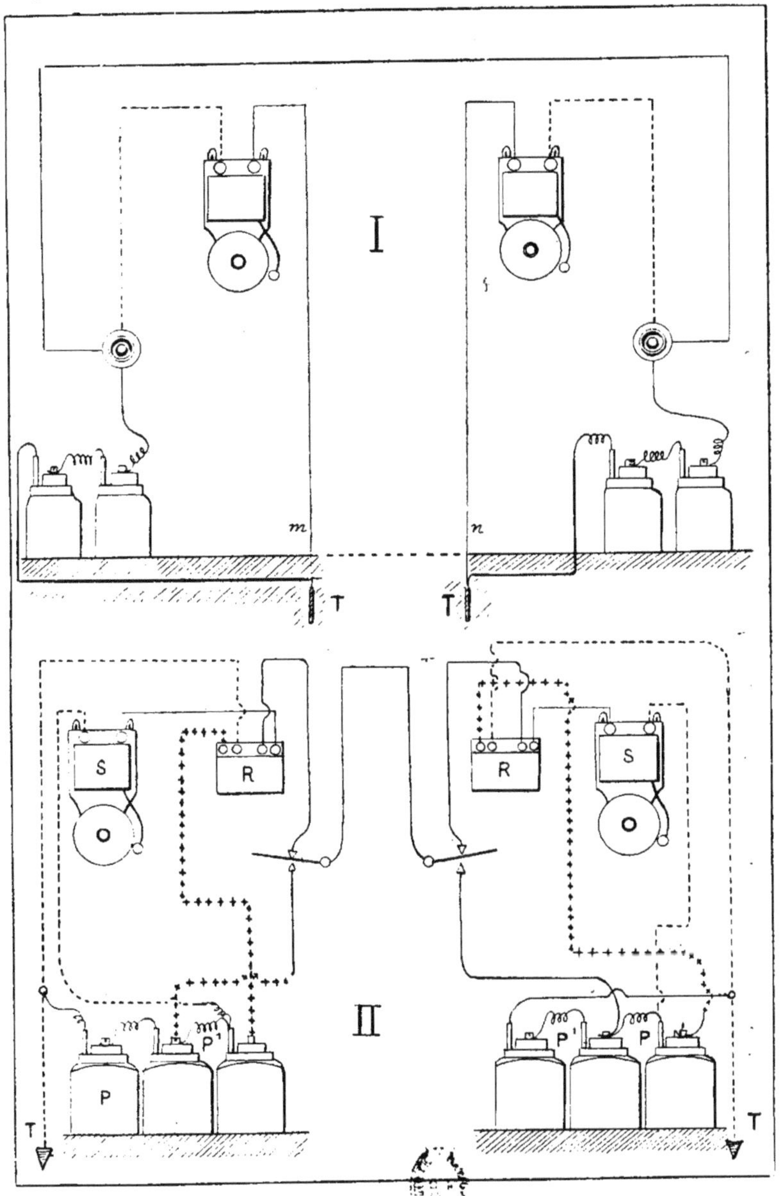

PLAN 12. — Installations avec retour par la terre. — I. Avec boutons à trois contacts. — II. Avec relais à chaque poste.

PLANCHE 13

Installations avec relais.

On peut établir des relais très sensibles pouvant fonctionner à une très grande distance de la source d'électricité, c'est-à-dire avec des courants excessivement faibles. Grâce à leur présence, on peut faire résonner les sonneries avec toute la sonorité que l'on veut. Un relais se compose d'un électro-aimant à fil très fin, par conséquent très résistant. Le courant arrivant par le fil de ligne, traverse cet électro qui devient actif et agit sur une armature polarisée.

Celle-ci, dans son mouvement de déplacement, ferme automatiquement un circuit indépendant, dans lequel se trouve une sonnerie et sa pile. L'appareil possède donc quatre bornes : celles du milieu reçoivent, soit les deux fils de ligne, soit un fil de ligne et un fil se rendant à une prise de terre. Les deux bornes latérales reçoivent les fils venant : l'un du positif de la pile, l'autre d'une borne de la sonnerie, cette dernière étant réunie par un autre fil partant de sa borne libre et se rendant au pôle négatif de la pile.

Le schéma I représente une installation type, quoique élémentaire ; le courant de la pile P du poste de départ, agit sur le relais R, placé à l'arrivée et qui met ou retire du circuit de la pile de ce poste, P' la sonnerie d'appel S.

Le schéma II est utilisé pour les commandes de signaux sonores à grande distance, d'après la méthode dite *à circuit fermé*, dans laquelle le courant de ligne circule constamment dans l'électro du relais, dont l'armature à la forme d'une ancre qui ne se déclanche que lorsque le courant est interrompu. La pile locale est une batterie à courant constant au sulfate de cuivre type Daniell, Callaud ou autre, et non pas une série d'éléments au sel ammoniac dont le débit est trop faible.

Ce dispositif peut être employé comme moyen de sécurité et d'alarme dans diverses circonstances. Quand on ouvre la porte ou la fenêtre, que l'on tire le vantail fermant un coffre-fort, etc., on interrompt le circuit en C ; l'armature du relais dégage l'ancre et ferme par conséquent le circuit de la pile locale sur la sonnerie qui peut être mise, en temps ordinaire, hors circuit à l'aide d'un petit interrupteur à manette. Si, par la suite, une personne animée de mauvaises intentions, vient à couper les fils pénétrant dans le coffre-fort ou à l'intérieur de l'appartement, elle obtiendra un résultat diamétralement opposé à celui espéré.

C'est-à-dire qu'en agissant ainsi, le circuit se trouvera automatiquement fermé par le jeu du relais, et que la sonnette d'alarme résonnera sans interruption, avertissant ainsi les veilleurs de nuit de la tentative d'effraction en cours d'exécution.

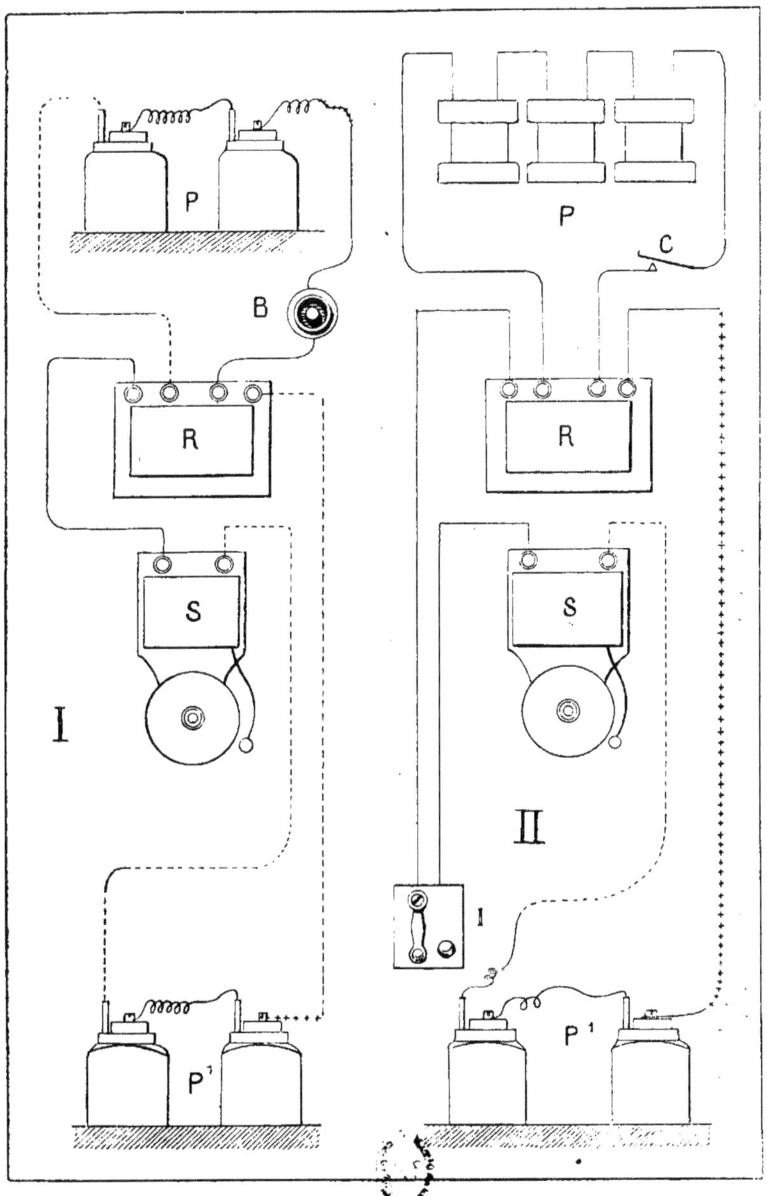

Plan 13. — Installations avec relais. — I. Installation type. — II. Installation à circuit fermé. P, P[1], batteries de piles; I, commutateur; R, relais ; S, sonnettes; B, bouton d'appel; C, contact

PLANCHE 14

Installation de sonnettes à l'intérieur d'un immeuble entier.

Ce schéma représente les dispositions à donner à un service d'appel pour une maison d'habitation comportant plusieurs étages. Les appels s'opèrent entre la loge du concierge et les appartements occupés par divers locataires. Chacun de ceux-ci possède à son tour un service intérieur de sonneries relié à la batterie générale de la maison et répondant sur une sonnerie spéciale permettant de reconnaître immédiatement la provenance de l'appel.

Le montage des fils est le suivant :

Fil positif. — Il dessert l'une des paillettes de chaque bouton d'appel et l'un des boutons du clavier placé chez le concierge.

Fil négatif. — Il est relié à l'un des boutons de ce même clavier ainsi qu'à l'une des bornes des sonnettes du 3e étage.

Fils de retour. — Le bouton 2 du clavier est relié aux sonnettes du 2e étage ; le bouton 3 aux sonnettes du 1er étage. Les sonnettes de chaque étage sont associées l'une à l'autre en série, leur borne libre étant reliée, d'autre part, à la paillette libre des boutons placés à chacun des étages de la maison.

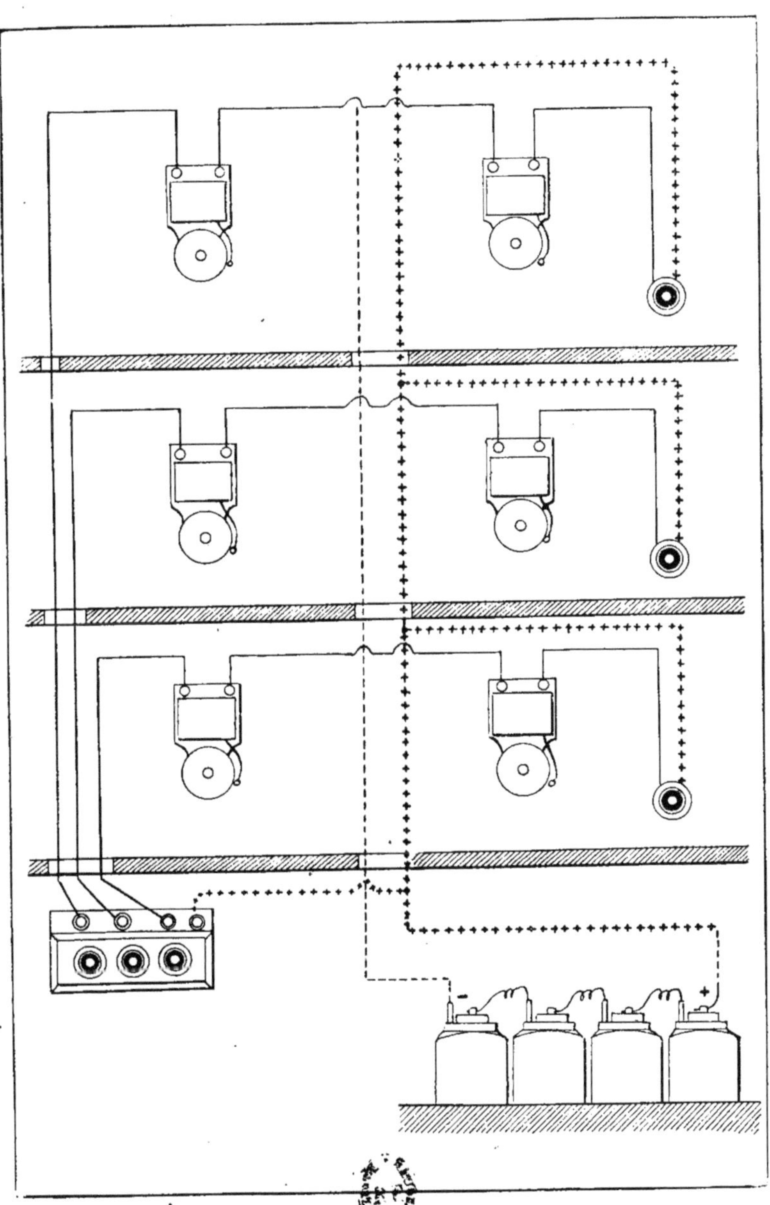

Plan 14. — Installation d'un réseau de sonnettes à l'intérieur d'un immeuble composé de trois étages.

PLANCHE 15

Service de sonnettes dans un immeuble.

Ce schéma comprend, outre le service décrit dans la planche précédente, un bouton de réponse placé dans chaque appartement de l'immeuble, adjonction qui, vu son utilité, est loin de constituer une complication, vu surtout le faible supplément de dépense nécessité par ce montage complémentaire.

En suivant le trajet des fils qui sont différenciés sur le dessin par leur tracé, le positif par des croix, le négatif par des lignes pointillées, les fils de retour par des traits pleins, on voit que le positif aboutit au clavier placé chez le concierge, en même temps qu'à l'une des paillettes de chaque bouton disposé chez les locataires. Les sonnettes de chaque étage sont groupées en série. Le fil négatif dessert une borne de chacune de ces sonnettes dont l'autre borne est en relation avec la paillette libre de chaque bouton, et avec les fils venant du clavier.

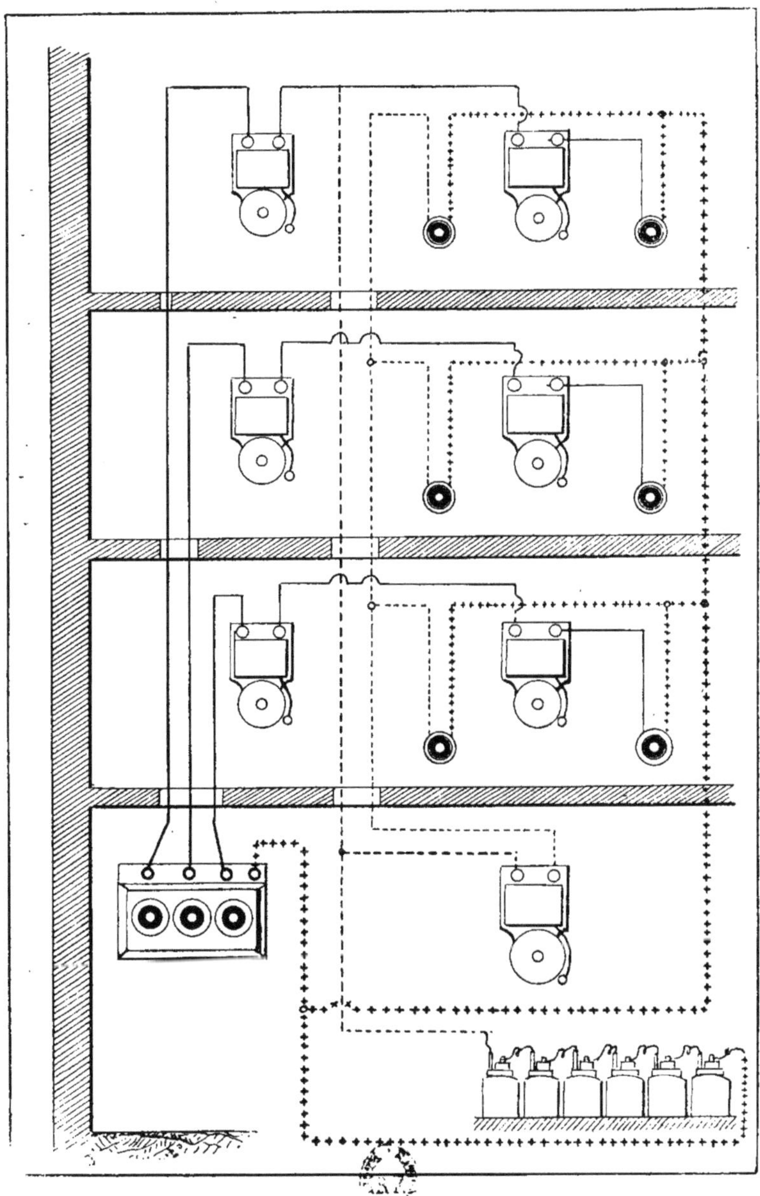

PLAN 15. — Service de sonnettes avec réponse dans un immeuble.

PLANCHE 16

Demande et réponse et contact de sûreté pour grille.

Dans cette installation, se trouve ajouté, à un service de demande et réponse entre deux endroits éloignés situés dans une même propriété, un contact de sûreté à trois paillettes. Le trajet des conducteurs électriques est le suivant :

Le fil positif se rend à l'une des paillettes du contact ; des ramifications secondaires le relient également à une paillette des boutons d'appel des deux postes. Le fil négatif (zinc) se bifurque pour s'attacher à la borne de droite de chaque sonnette. Un fil de retour, partant de la paillette 1 du contact va s'attacher à la borne libre de la sonnette d'un poste et la deuxième paillette du bouton de l'autre poste. Un deuxième fil de retour, partant de la paillette 2 du contact, est attaché inversement à la paillette libre de son bouton et à la borne libre de la sonnerie de l'autre poste.

En appuyant du doigt sur le bouton b^1 on fait résonner la sonnerie S^2, et inversement, en appuyant sur le bouton b^2, on agit sur la sonnerie S^1. Le contact à trois paillettes C permet, lorsque le circuit se trouve fermé en ce point, de faire tinter les avertisseurs. Cet appareil adapté à une porte d'entrée ou une grille avertit donc automatiquement à distance de l'ouverture de cette baie, tout en laissant une indépendance complète à l'échange de signaux entre les deux endroits de l'habitation contenant un bouton interrupteur et une sonnette. Une seule batterie de plus suffit pour ces différents services.

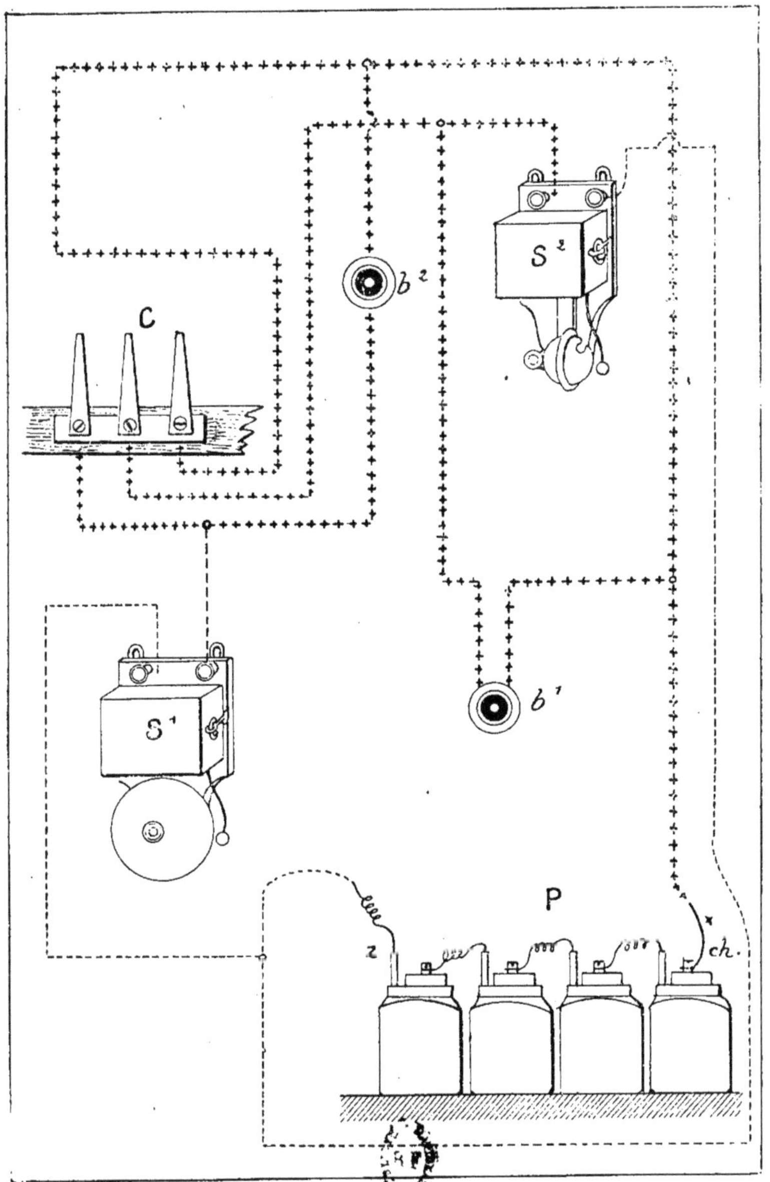

Plan 16. — Demande et réponse par deux sonnettes, S^1, commandée par le bouton b^1, et S^2, commandée par le bouton b^2, combiné avec un contact de sécurité à trois paillettes C.

PLANCHE 17

Colonne montante de distribution pour maison de rapport.

Il s'agit simplement, dans cette installation, de remplacer les sonnettes ordinaires à tirage avec renvois par équerres sur pivots, par des sonnettes électriques recevant toutes le courant qui leur est nécessaire d'une batterie unique placée dans une caisse dans les sous-sols ou dans les caves. Il y a une sonnette à la porte de chaque locataire, soit deux sonnettes et deux boutons par étage.

Les deux fils conducteurs partant de la pile s'élèvent donc depuis le sous-sol jusqu'au plus haut étage de l'immeuble pour revenir ensuite au rez-de-chaussée, et ils constituent ainsi la *colonne montante*, ordinairement disposée dans la cage de l'escalier, en passant par les plafonds pour se rendre aux divers étages successifs.

Le fil positif alimente par des branchements secondaires une paillette de chacun des boutons d'appel fixés contre le chambranle de la porte d'entrée principale de tous les logements. Le fil négatif alimente de la même façon une des deux bornes de toutes les sonnettes électriques disposées à l'intérieur de ces logements. Un fil de ligne assez court réunit la deuxième paillette de chaque bouton à l'autre borne de la sonnette que ce bouton doit commander. Cette installation qui paraît compliquée tout d'abord est donc, en réalité, extrêmement simple, et n'est qu'une extension du système le plus simple : une sonnette actionnée par un bouton. La seule différence, c'est qu'au lieu d'une pile pour chaque sonnerie, il n'existe qu'une batterie unique pour tout l'immeuble, et qui fournit le courant à tous les avertisseurs sonores disposés dans chaque appartement distinct.

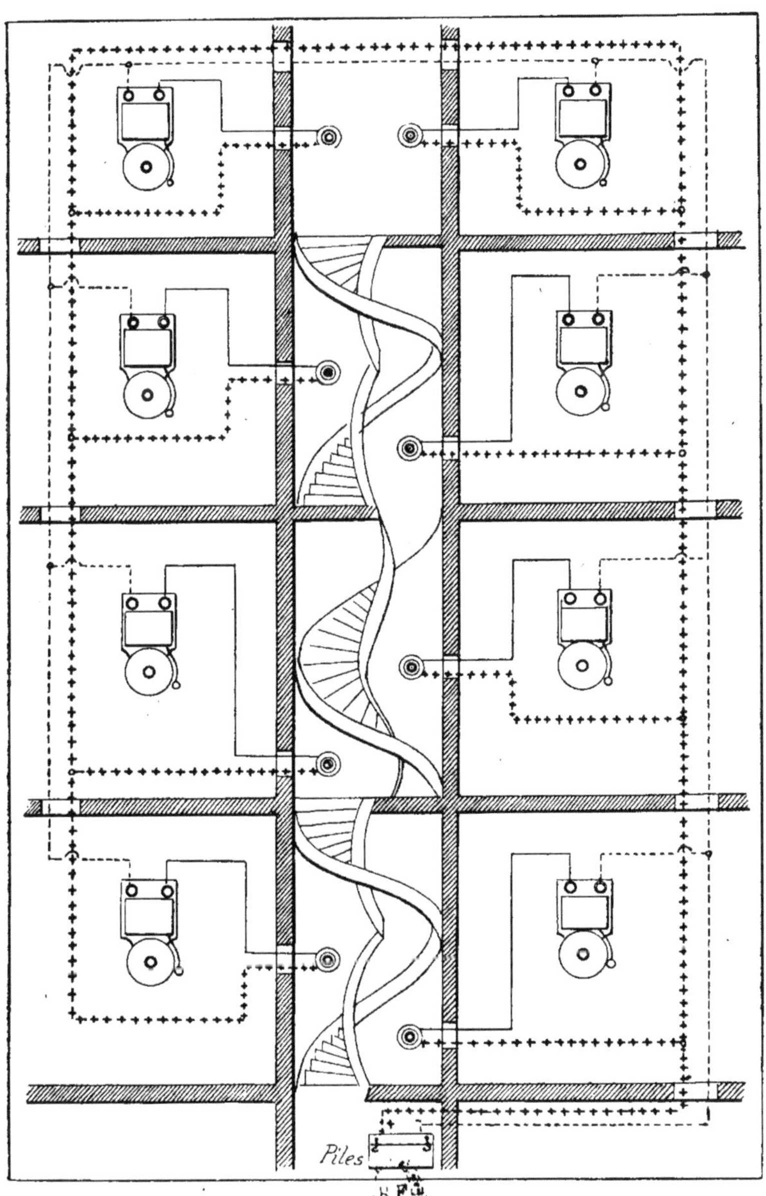

Plan 17. — Colonne montante de distribution
dans une maison de rapport.

PLANCHE 18

Pose d'appareils d'intercommunications divers.

Parmi les nombreux modèles d'appareils divers pour l'intérieur des habitations, il convient de citer les *tirages*, les *presselles*, les *poires d'appel*, pouvant être substitués aux boutons à pression.

Le tirage s'emploie particulièrement pour les chambres à coucher et il se manœuvre par une cordelière terminée par un gland de passementerie ou une tringle terminée par une poignée de bois. Le contact se compose d'un disque de bois sur lequel sont fixées par des vis deux lames flexibles pouvant venir au contact d'une bande métallique fixe, lorsqu'on tire sur le cordon. Un ressort de rappel oblige les lames à s'écarter et à revenir à leur position primitive lorsqu'on cesse d'exercer une traction sur le cordon. Quand les lames sont en contact avec la bande fixe, le circuit électrique se trouve fermé sur la sonnette.

Les *presselles* rappellent la forme d'une pince à sucre à tête sphérique en bois, suspendue par une chaînette à une rosace en bois verni. En rapprochant, jusqu'à les forcer à se toucher, les deux branches de la pince on ferme le circuit électrique, qui se trouve rompu dès qu'en desserrant la main, ces deux branches s'écartent de nouveau l'une de l'autre en vertu de leur élasticité.

Les *poires d'appel* se composent de trois pièces distinctes : le *socle* de la poire, la *queue* avec son conducteur souple, et le *disque-rosace* qui se fixe au plafond et reçoit les conducteurs souples amenant le courant. Le contact, formé de deux paillettes isolées, supportées par des lames de ressort en laiton argenté, est contenu dans le socle de la poire, laquelle est recouverte d'une calotte sphérique contenant le bouton à pression permettant d'établir le contact et de fermer le circuit. Ce système de contact est surtout employé pour les salles à manger.

Dans le plan 18, nous indiquons le montage de ces divers

appareils, combiné avec un contact de porte mis à volonté hors circuit. Le pôle positif est renvoyé par des fils secondaires à une paillette de chaque contact, l'autre paillette étant en relations, par un fil général, avec une borne de la sonnerie d'appel. Le pôle négatif est en rapport avec l'autre borne de cet avertisseur sonore ; de cette façon en agissant sur l'un ou sur l'autre des contacts, le circuit se trouve fermé et la sonnerie entre aussitôt en action.

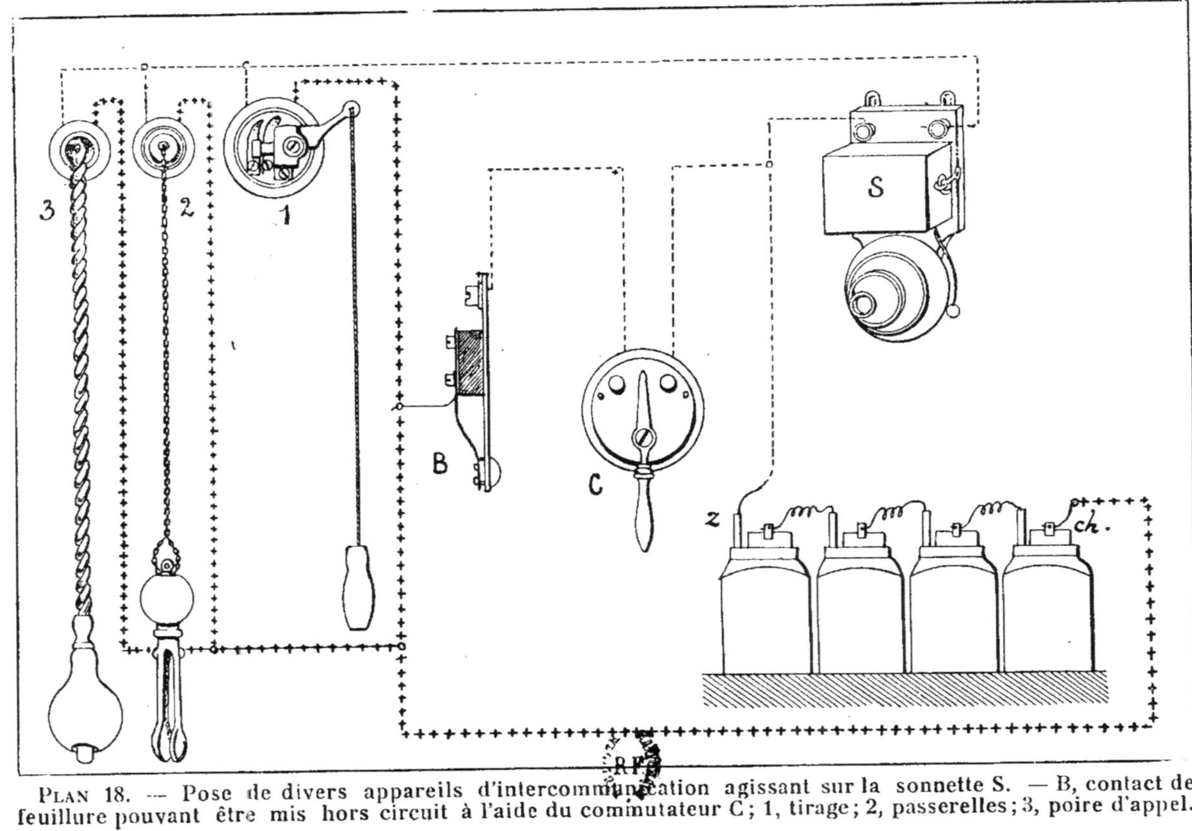

Plan 18. — Pose de divers appareils d'intercommunication agissant sur la sonnette S. — B, contact de feuillure pouvant être mis hors circuit à l'aide du commutateur C; 1, tirage; 2, passerelles; 3, poire d'appel.

PLANCHE 19

Combinaison d'appareils d'appel sur deux circuits distincts.

L'installation comporte deux circuits distincts, alimentés par une seule batterie de piles. Le premier comporte une série d'appareils divers montés en dérivation sur une conduite générale, le second un tableau avertisseur à guichets à quatre numéros.

Sur le premier circuit, composé des deux fils partant des pôles de la pile, se trouvent, d'abord une grosse cloche à un coup *a*, actionnée par un bouton à pression *a'* monté sur plaque de marbre, dispositif convenant tout particulièrement à une porte cochère, une grille, etc., enfin au plein air. Sur la même conduite se trouvent ensuite une sonnette *s* à timbre ordinaire, avec deux boutons, 1, 2, puis un avertisseur automatique d'incendie à barrette fusible *c*, avec sa sonnerie spéciale *s*. Le montage est toujours le même que précédemment : le fil positif va à une paillette des interrupteurs dont l'autre paillette reçoit le fil de ligne allant à la sonnette; le fil de retour joint l'autre borne de ce dernier appareil au pôle négatif.

Le second circuit comporte un tableau à quatre numéros avec sa sonnerie et les boutons d'appel pour l'intérieur de la maison. Le mode ordinaire d'attache des fils aux bornes des tableaux est l'ordre suivant : sonnerie, zinc, fil positif du premier bouton, puis du deuxième, correspondant au premier, au deuxième guichet et ainsi de suite jusqu'au dernier. Nous verrons d'ailleurs plus loin en détail les différentes méthodes de connexions usitées pour ce genre d'appareils.

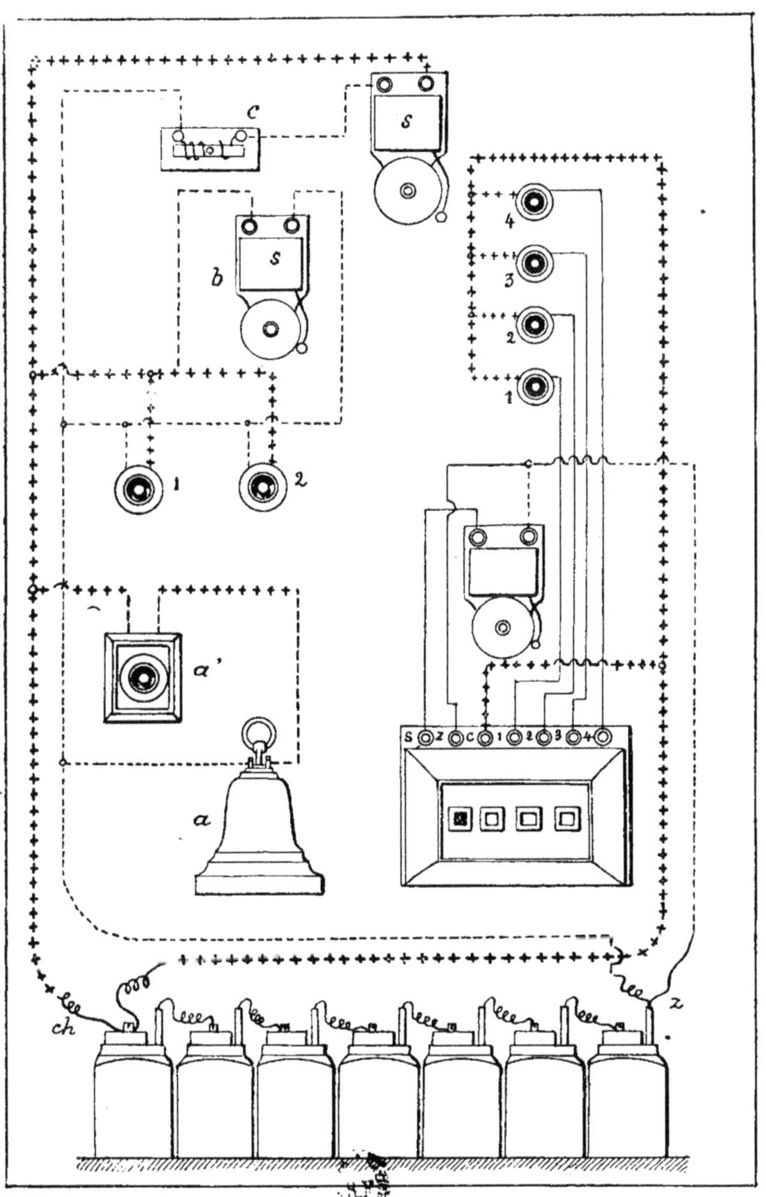

PLAN 19. — Combinaison d'appareils d'appel sur deux circuits distincts.

PLANCHE 20

Essai des lignes avec le galvanomètre.
Essai d'un tableau indicateur en local.

Il est d'usage, dans la pose des sonnettes électriques, tableaux indicateurs et autres appareils d'intercommunication, de conduire toujours le pôle négatif à l'une des bornes des sonneries, et le pôle positif à une paillette ou un plot du contact d'appel. Le circuit est complété par le fil de retour qui réunit le plot ou la paillette restant libre à l'autre borne de la sonnette.

Il peut arriver, en raison de diverses causes, que des pertes de courant se produisent dans les canalisatious électriques. Lorsqu'on a constaté une semblable perte sur un réseau de sonneries, il faut vérifier les lignes entre la source de courant et les appareils d'utilisation branchés dans le circuit. Cette vérification s'exécute à l'aide d'un galvanomètre ; la déviation de l'aiguille de cet instrument permet de reconnaître l'endroit de la fuite. L'effet qui se produit peut s'expliquer comme suit : le pôle aboutissant à un appareil d'appel du réseau, se trouvant réuni avec une ligne quelconque le courant, au lieu de suivre cette ligne et traverser l'appareil qui offre une résistance supérieure à la ligne, revient directement au générateur d'électricité sans actionner les sonneries branchées sur la ligne.

Pour opérer la vérification, l'un des fils venant du pôle de la source s'attache à la borne *a* du galvanomètre. De la deuxième, *b*, avec un fil mobile dont on tient à la main l'extrémité dénudée, on essaie l'une après l'autre les lignes 1, 2, 3, 4, etc., y compris le fil conducteur de polarité opposée. S'il y a une fuite un contact anormal d'une des lignes avec le fil de la borne B, l'aiguille de l'instrument de mesure dévie aussitôt, ce qui démontre que la ligne essayée se trouve sûrement confondue avec le deuxième pôle de la pile, défaut qu'il faut se hâter de corriger, au plus tôt.

Notre schéma II représente la manière dont il convient de procéder pour essayer un tableau indicateur ou local.

Les trois bornes qui se trouvent à la gauche de ce tableau portent ordinairement les initiales C, Z, S qui signifient respectivement : cuivre (ou charbon), zinc et sonnerie. Il suffit de toucher, avec l'extrémité du fil partant de la borne C successivement toutes les autres bornes placées à la suite de la borne S pour vérifier le fonctionnement du tableau. Tous les numéros doivent apparaître dans l'encadrement des guichets. La disparition s'obtient ensuite en appuyant sur le bouton-poussoir placé en bas du cadre. Si l'on remarque quelque irrégularité dans le fonctionnement d'un numéro, on peut apporter la correction nécessaire au défaut ainsi révélé.

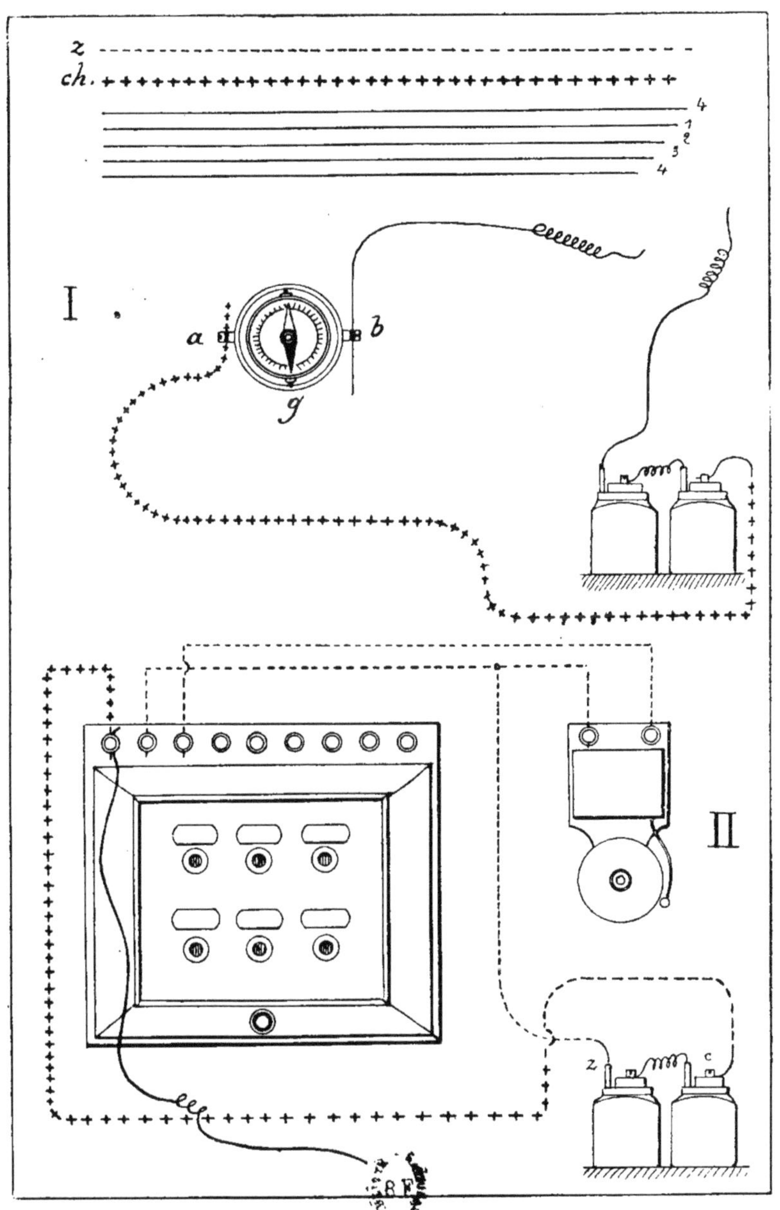

Plan 20. — I. Essai des lignes avec le galvanomètre *g*. — II. Essai d'un tableau indicateur en local.

PLANCHE 21

Pose d'un tableau indicateur.

Les avantages que présentent les tableaux indicateurs sont nombreux et leur présence est indispensable sur tous les réseaux comportant un certain nombre de poste d'appel, car ils donnent le moyen de reconnaître instantanément l'endroit d'où est parti l'appel et ils remplacent ainsi les sonneries donnant un son différent pour les distinguer les unes des autres et qui devraient, autrement, exister en nombre égal à celui des postes d'appel.

Notre schéma représente la disposition des fils dans un tableau à huit numéros, c'est-à-dire correspondant à huit boutons d'appel disséminés dans les diverses pièces d'un appartement, d'un bureau, etc.. Le tableau est toujours complété par une sonnette destinée à attirer l'attention du domestique ou de l'homme de service que l'on veut appeler.

Les fils sont attachés aux bornes du haut du tableau dans l'ordre suivant : 1° S, sonnerie, 2° Z, fil négatif, venant du zinc de la pile et alimentant, par un fil secondaire, l'autre borne de la sonnette ; 3° C, cuivre ou charbon, fil positif venant de la pile, et sur le trajet duquel des dérivations sont prises pour se rendre à une paillette de chaque bouton. Viennent ensuite dans l'ordre 1, 2, 3, 4, etc., les fils venant de l'autre paillette des boutons. Le circuit est ainsi complet ; lorsqu'on pressera, du doigt sur l'un des contacts, la sonnette bruira, en même temps que le disque blanc ou de couleur, le numéro ou la mention apparaîtra dans l'encadrement d'un des guichets correspondant au circuit du bouton actionné. Pour faire disparaître le carton du guichet et remettre les choses en l'état pour un nonvel appel, il suffit d'appuyer sur le bouton-poussoir placé au bas du tableau. Le sens du courant dans les bobines de l'électro commandant les déplacements du carton se trouvant inversé par suite de cette manœuvre, le disque mobile disparaît et l'appareil peut, sans danger de confusion recevoir un autre appel.

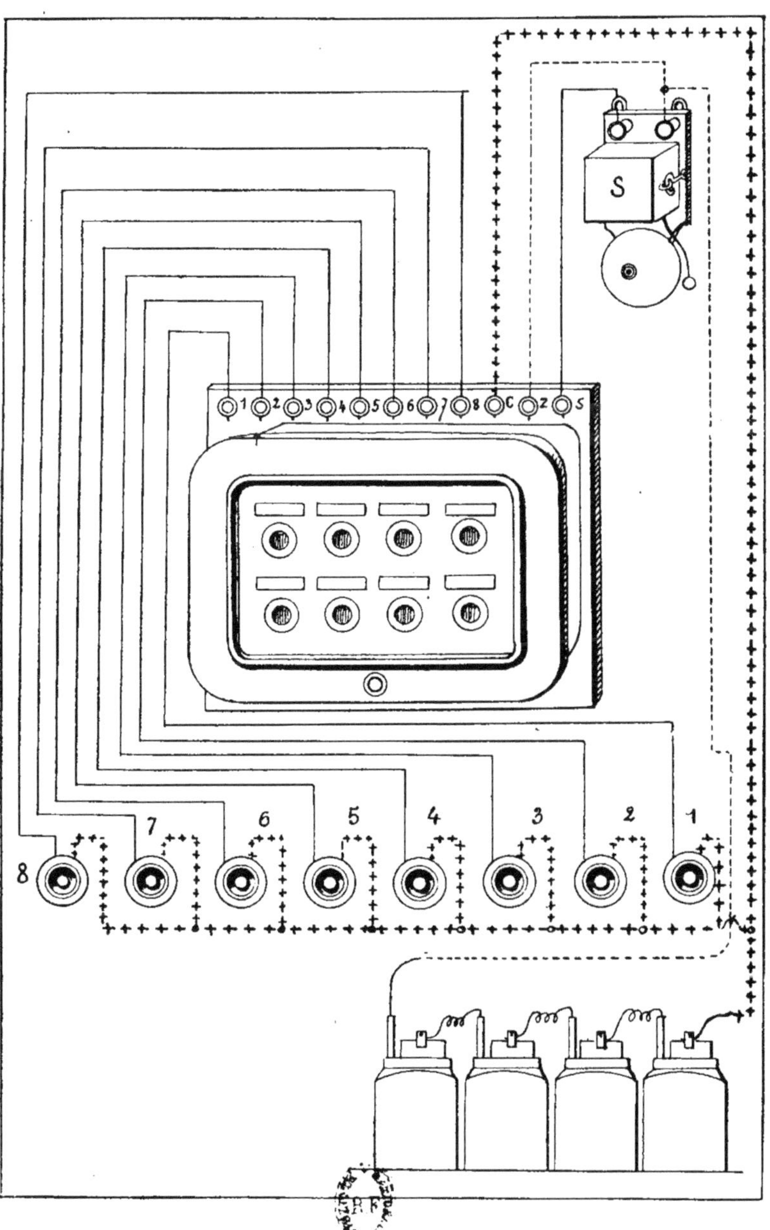

PLAN 21. — Pose d'un tableau indicateur à huit numéros; 1 à 8, boutons d'appel; S, sonnette.

PLANCHE 22

Appareils divers actionnant un tableau.

Le schéma représente un service complet d'appareils d'appel, appliqués aux différentes ouvertures d'une propriété, et dont le fonctionnement est révélé par une mention imprimée : *porte cochère, porte d'entrée*, etc. apparaissant dans l'encadrement d'un guichet du tableau, en même temps que résonne la sonnerie adjointe à ce tableau.

Les appareils d'appel sont un bouton et un coulisseau d'extérieur, une pédale à bouton et un contact de sécurité. Le coulisseau est un bouton à anneau de tirage monté sur une plaque de marbre que l'on scelle verticalement dans le mur auprès de la porte. Le bouton ou l'anneau sur lequel on agit est fixé à l'extrémité d'un secteur ou arc de cercle en laiton formant coulisse mobile et glissant entre deux tenons-guides. En tirant sur l'anneau, on amène au contact de lames fixes des lames mobiles qui, à l'état de repos, s'en trouvent écartées, et ce contact analogue à celui d'un tirage (Voy. Plan 19), ferme la communication électrique de la pile sur la sonnerie et le tableau.

La *pédale* est un genre de contact secret qui se dissimule dans le parquet d'une pièce, sous la table, et permet d'appeler soit un domestique, soit un garçon de bureau, à l'insu de la personne avec qui l'on tient conversation. Il existe de nombreux modèles de pédales, mais les plus usités sont ceux dits à bouton simple, à double bouton et à charnière. Le premier, qui est le plus simple, se compose de six pièces : un disque de cuivre percé d'un trou à travers lequel passe la tige qui supporte le bouton : celui-ci est fixé à l'extrémité d'une tige de cuivre entourée d'un ressort à boudin, et un dé de bois sert d'appui à la paillette qui effectue le contact. Une vis placée sous le disque, en regard du dé de bois, reçoit le fil positif.

Le *contact de feuillure* est une lame élastique portant une demi-rondelle de laiton à son extrémité libre, et qui est fixée à l'autre bout sur un dé en matière isolante. A l'état de repos, la porte étant fermée, cette lame se trouve écartée de la paillette qu'elle vient toucher en fermant le circuit sur la sonnerie et le tableau dès que, en ouvrant le vantail, les deux lames viennent en contact.

En suivant le tracé du dessin, on peut se rendre compte de l'attache des fils aux bornes des divers appareils d'appel et de réception des signaux.

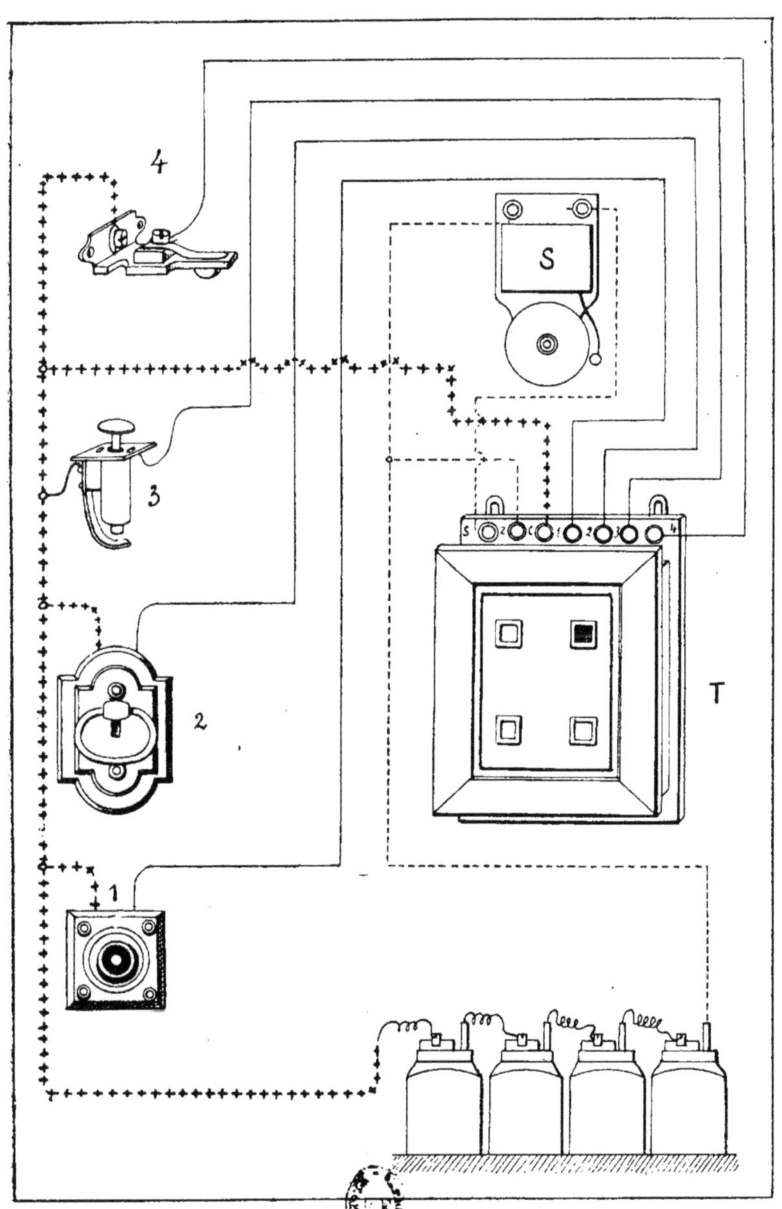

PLAN 22. — Appareils d'appel divers combinés avec un tableau indicateur. — 1, bouton d'extérieur; 2, coulisseau; 3, pédale à bouton; 4, contact de passage; T, tableau; S, sonnerie.

PLANCHE 23

Installation d'un tableau répétiteur.

Dans ce schéma, nous voyons deux tableaux, avec leur sonnette, exécutant simultanément les mêmes mouvements, le même numéro apparaissant en même temps à un guichet déterminé des deux tableaux. Dans ce cas, de deux tableaux fonctionnant ensemble l'un par l'autre, on ajoute à la droite de chacun d'eux une borne supplémentaire en communication avec la paillette antérieure du bouton-poussoir commandant la disparition du signal. Par conséquent pour un tableau comportant 10 numéros, il faut 14 fils au total. Pour plus de simplicité nous n'avons fait figurer que les deux fils de liaison des tableaux et deux boutons sur le dessin. De toute façon, une des pailiettes des boutons reçoit le fil positif, l'autre paillette étant en relation avec l'un ou l'autre des fils réunissant les deux tableaux. Le fil négatif se rend à l'une des bornes des sonnettes et à la borne *Z* des deux tableaux, ce qui nécessite trois fils secondaires. L'autre borne de chaque sonnette est reliée ensuite à la borne S de son tableau respectif.

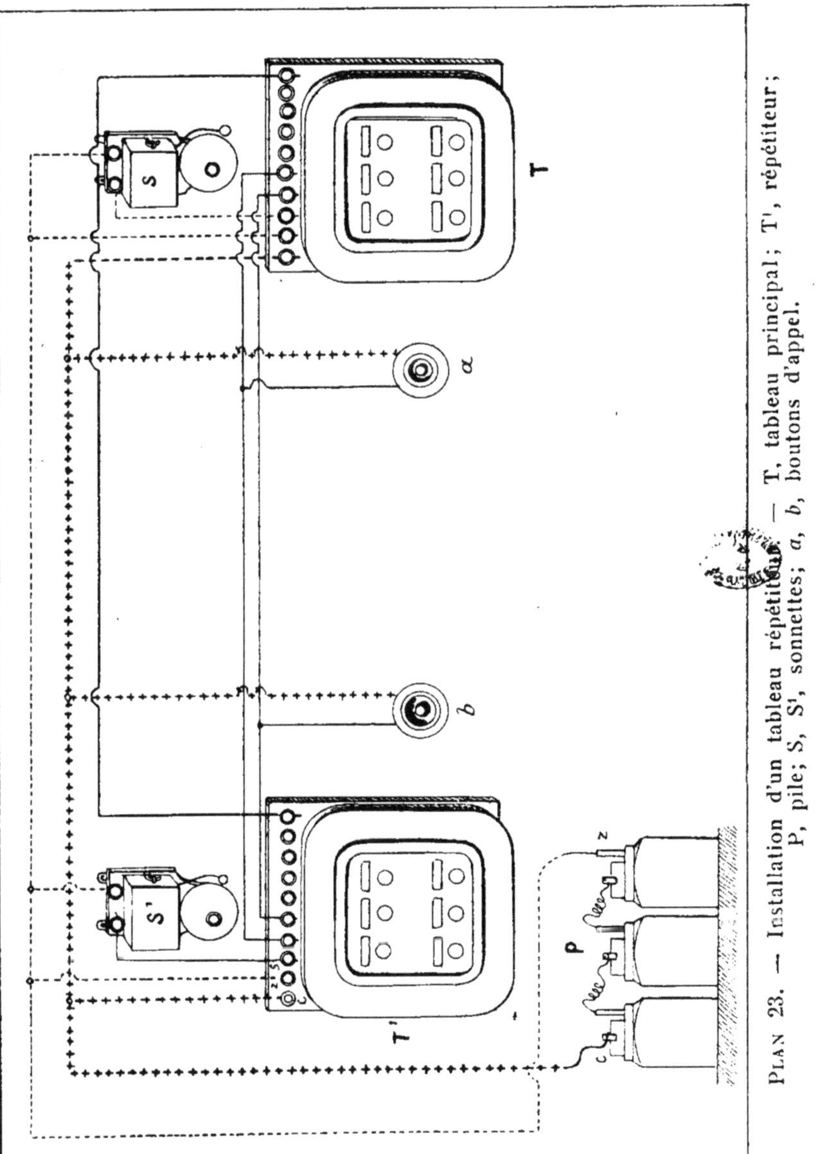

Plan 23. — Installation d'un tableau répétiteur. — T, tableau principal; T', répétiteur; P, pile; S, S', sonnettes; *a*, *b*, boutons d'appel.

PLANCHE 24

Installation de trois tableaux et d'un contrôle.

Une semblable installation se rencontre dans les grands hôtels, les établissements balnéaires, les administrations importantes, où il existe un très grand nombre de postes d'appel qu'il ne faut pas confondre les uns avec les autres, appels que l on désire contrôler d'un endroit central muni d'un tableau répétiteur spécial.

Dans l'installation de la pl. XXV, il y a trois tableaux indicateurs, un par étage, chacun d'eux étant muni d'un circuit de disparition des numéros apparus aux tableaux des autres étages. Le tableau de contrôle est placé au rez-de-chaussée : il reproduit les indications des tableaux des étages et possède également des lignes spéciales pour assurer la disparition des indications sur l'un ou l'autre tableau.

En suivant les lignes du dessin (qui est simplifié pour ne pas nuire à la clarté), on reconnaîtra le trajet suivi et les points de départ et d'arrivée des divers fils du réseau : fil positif, négatif, fils de retour et de ligne, etc.

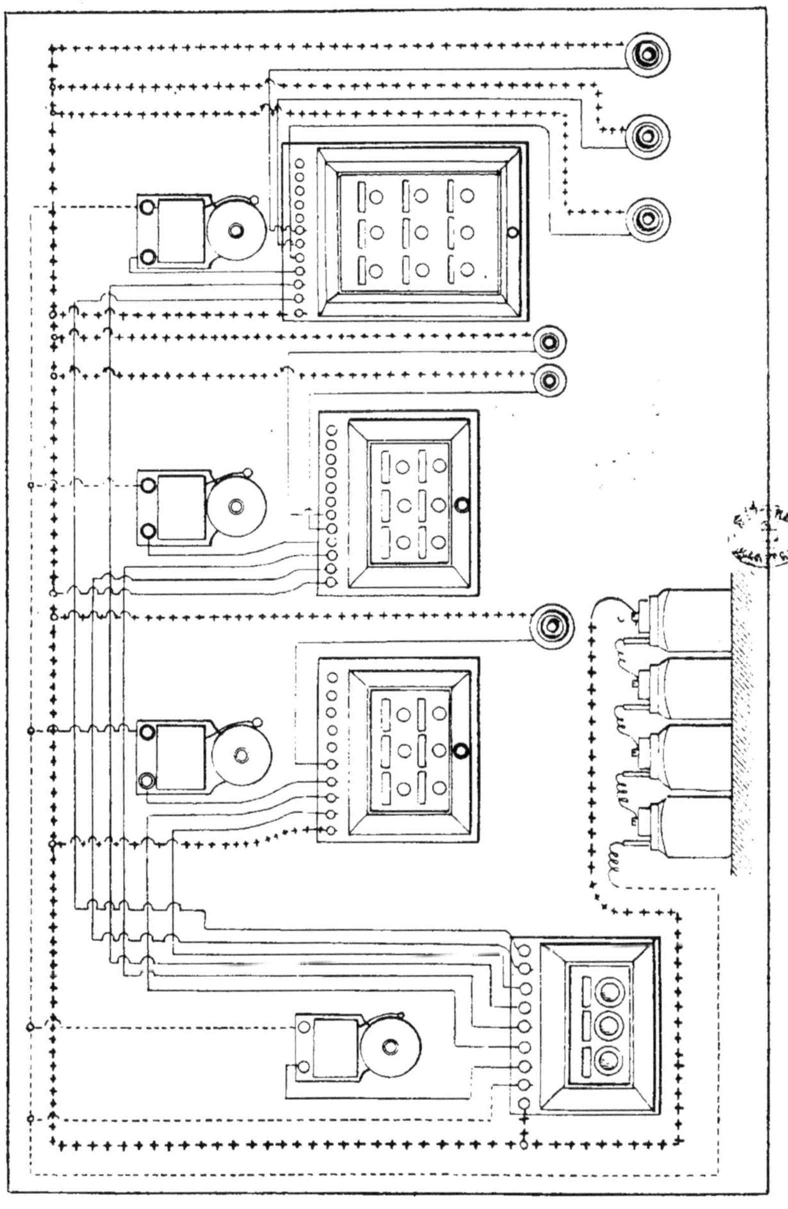

PLAN 24. — Installation de trois tableaux et d'un contrôle.

PLANCHE 25

Pose de deux tableaux indicateurs et d'un répétiteur.

Nous avons encore dans le schéma de la pl. XXVI, un exemple de la méthode de connexion des circuits lorsqu'il s'agit de deux tableaux possédant chacun leur sonnette, et dont les indications sont répétées sur un tableau répétiteur ou de contrôle. En ce qui concerne le mode d'attache des fils, on voit sur le dessin que le fil partant du pôle positif de la pile alimente, par des conducteurs secondaires, l'une des paillettes de chacun des boutons d'appel du réseau, en même temps qu'à la borne 2 des trois tableaux. Le fil négatif (zinc) s'attache à la borne 3 des trois tableaux et à une borne de chacune des sonnettes. Les fils de ligne réunissent individuellement les paillettes libres des boutons aux bornes 4, 5, 6 etc., des tableaux, dont les trois premières bornes sont réservées, ainsi que nous l'avons dit, aux fils C (positif), Z (négatif) et S (sonnerie).

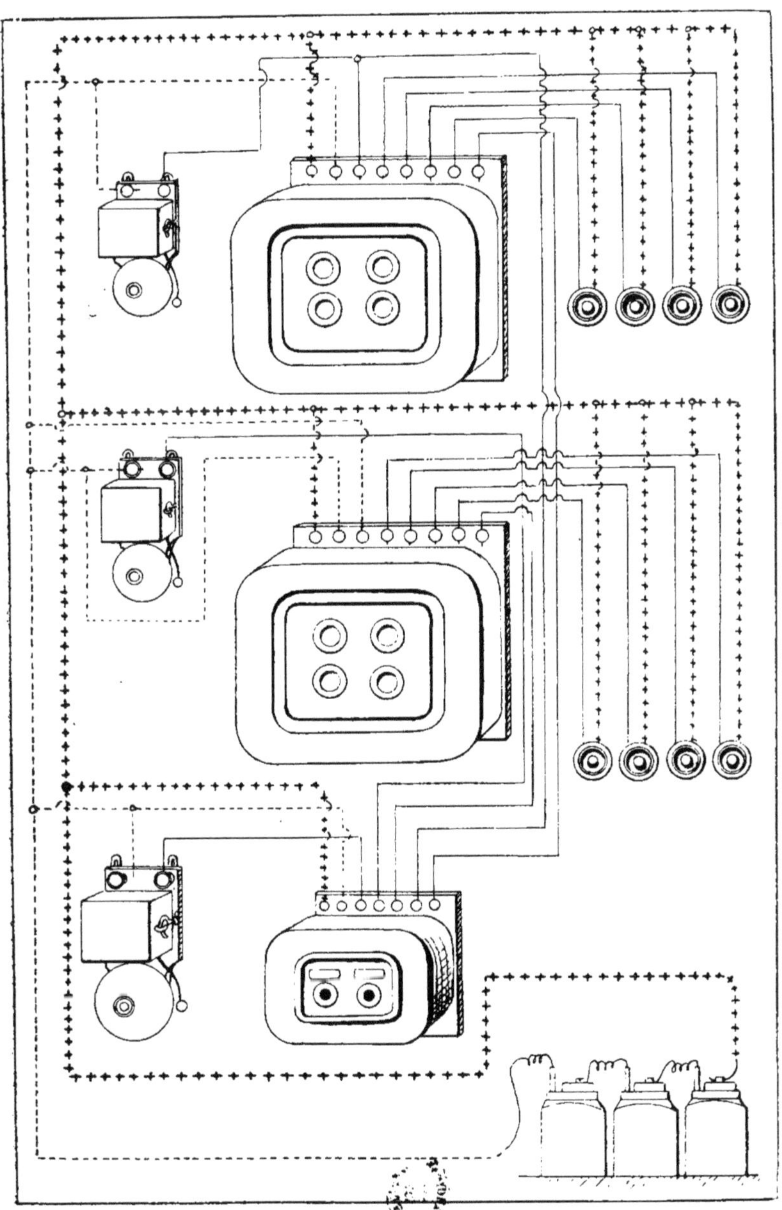

PLAN 25. — Pose de deux tableaux indicateurs
et d'un répétiteur.

PLANCHE 26

Service d'hôtel.

Le schéma XXVII représente un service d'hôtel, avec boutons d'appel et de disparition des numéros aux tableaux, et sonneries actionnées séparément par un relais. Les huit fils partant du tableau inférieurs de contrôle se rendent, quatre au tableau du premier étage, quatre au tableau du deuxième étage, les autres bornes de ces tableaux recevant les fils venant d'une paillette de chacun des boutons d'appel placés dans les diverses chambres des deux étages.

La batterie de piles servant de source de courant pour l'émission des signaux, est scindée en deux portions; l'une pour le service du relais, figuré à la partie inférieure du plan, et par conséquent des sonneries, l'autre. la plus importante, pour le service des appels et des tableaux. Si compliquée que paraisse à première vue cette installation, on peut cependant la comprendre aisément en analysant les divers éléments la constituant, le rôle de chaque appareil étant connu.

Pour simplifier le travail de pose et éviter les erreurs, les constructeurs ont d'ailleurs l'habitude de disposer les bornes d'attache des fils toujours dans le même ordre, en indiquant, par une initiale ou un chiffre gravé dans le bois du cadre, la destination de cette borne et le genre de fil qui doit venir y aboutir.

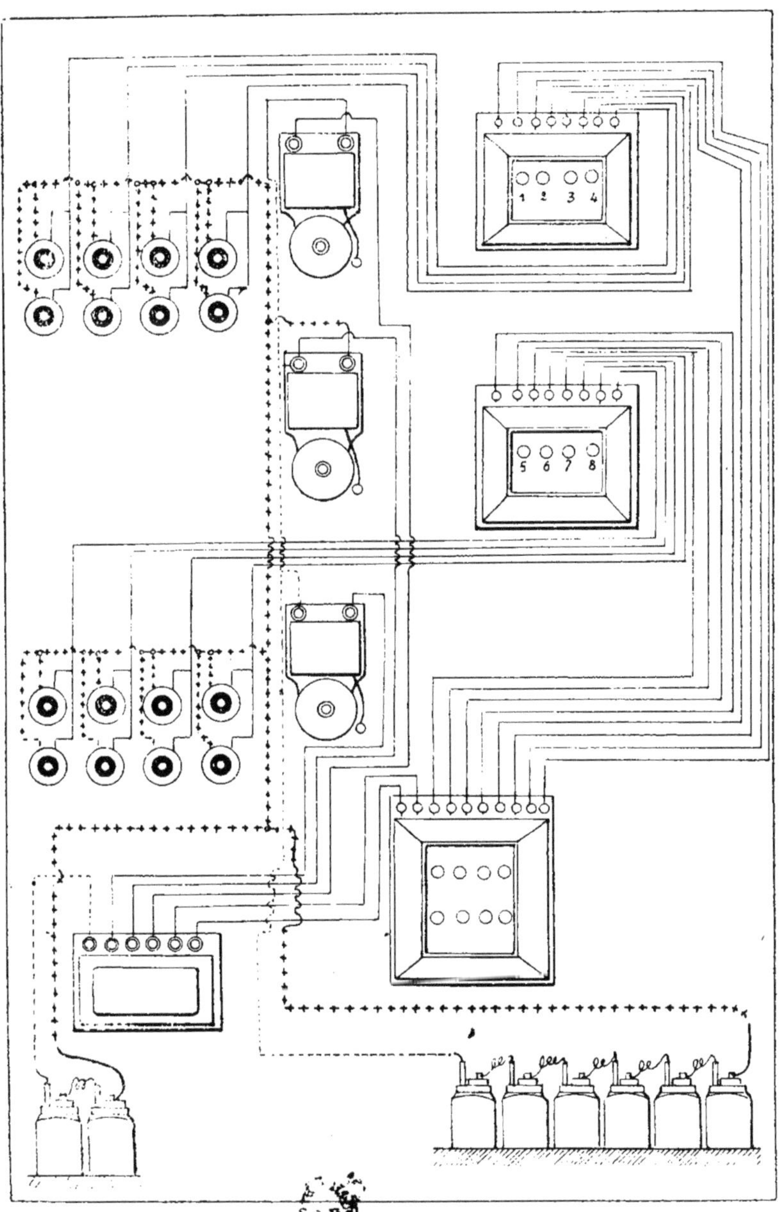

PLAN 26. — Installation de tableaux indicateurs dans un hôtel.

PLANCHE 27

Service de bureau.

Il s'agit ici d'un service de bureau permettant l'échange des communications, c'est-à-dire la demande et la réponse, au moyen de quatre boutons à équerre spéciaux.

Chaque tableau possède sept bornes, correspondant, la borne 1 à une borne de sa sonnette particulière, la borne 2 au fil négatif, la borne 3 au fil négatif, et les quatre bornes suivantes, de gauche à droite aux fils venant des boutons d'appel dépendant du même tableau, autrement dit commandant le tableau de l'autre poste, dont les connexions sont identiques. Les paillettes libres des boutons du tableau 1 recoivent des fils qui aboutissent aux bornes du tableau 2, alors que les boutons afférant au tableau 2 sont réunis par leur deuxième paillette aux bornes du tableau 1. Il n'y a donc que quatre fils de ligne, plus un fil de retour commun, qui est le négatif, partant du zinc de la pile et s'attachant par des conducteurs secondaires, d'une part à la borne 2 de chaque tableau, et, d'autre part, à la borne libre des deux sonnettes. Le ressort central des boutons à équerre des deux postes est en relation avec le fil positif de la batterie.

Ainsi donc, par ce dispositif, si l'occupant de la pièce où se trouve le bouton 3, par exemple, du poste de gauche, agit sur cet appel, la sonnette du poste de droite tintera en même temps que le chiffre ou l'indication de la pièce d'où est lancé l'appel s'encadrera dans l'ouverture du guichet du tableau. Pour répondre et faire comprendre à l'appelant que son signal est bien parvenu à destination, le préposé au tableau appuiera sur le bouton 3 et répondra en faisant apparaître son numéro au tableau de gauche. On peut d'ailleurs établir une foule d'autres combinaison en partant de ces principes, qui comportent de nombreuses variantes, selon les circonstances, de l'installation et les besoins qu'il s'agit de satisfaire.

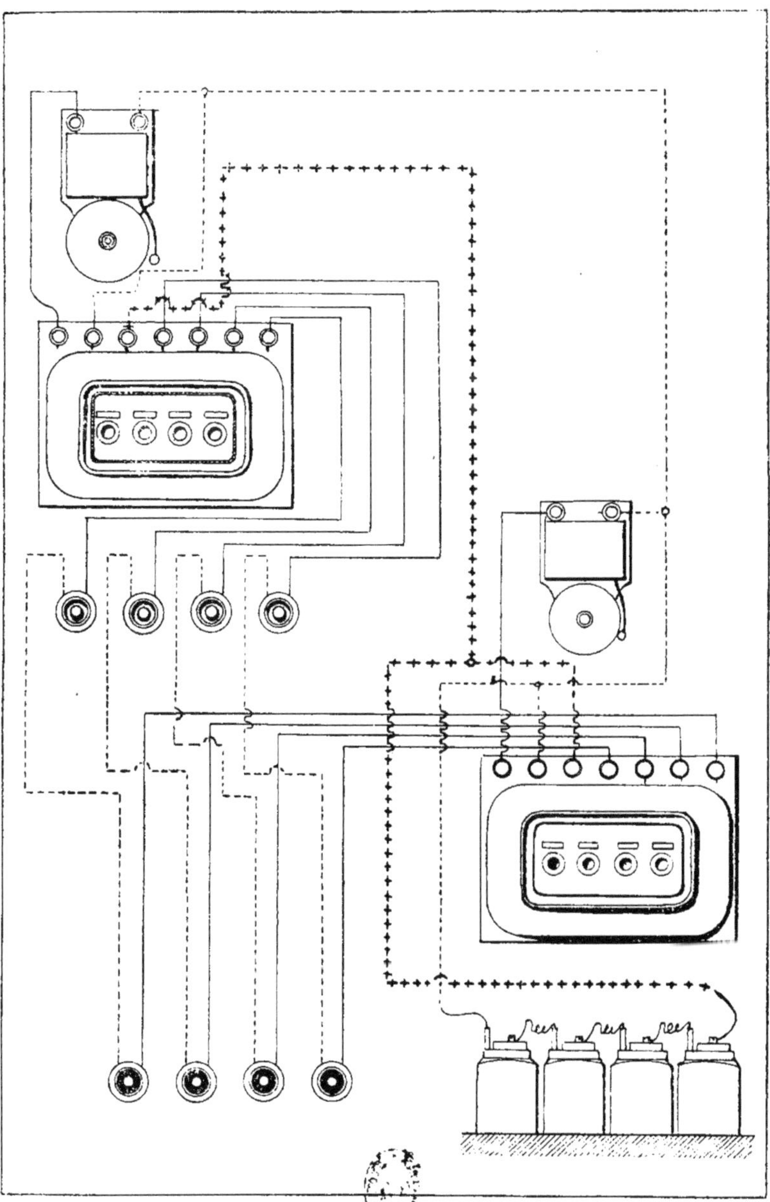

Plan 27. — Service de bureau. — Appel et réponse par deux séries de quatre boutons correspondant chacun à un tableau spécial.

PLANCHE 28

Mise en place des tableaux indicateurs.

Après avoir accroché le tableau au mur au moyen de clous à crochets passant dans l'échancrure des pattes fixées aux deux angles supérieurs de la boîte constituant ce tableau, on peut effectuer les connexions des fils du réseau amenés à proximité de cet appareil. On relie d'abord à la première borne à gauche, qui est en relation par des connexions intérieures avec une extrémité du fil de l'électro de chaque guichet, le fil venant de la borne de droite de la sonnette d'appel accrochée un peu au dessus du tableau. L'autre borne de cette sonnette est en rapport par un autre fil avec le pôle négatif de la pile. Les autres bornes du tableau reçoivent les fils venant d'une paillette de chacun des boutons d'appel. La deuxième borne correspond donc au fil venant du premier bouton, la troisième au deuxième bouton et ainsi de suite.

Pour la facilité de la construction des appareils, les *voyants* ou cartons numérotés apparaissant derrière chaque guichet, dans les tableaux comportant plusieurs rangées de guichets, se lèvent successivement en ligne verticale plutôt qu'en sens horizontal. Il est utile de connaître cette particularité pour la mise en place des connexions.

On voit fréquement, dans les administrations d'Etat ou privées, les grands hôtels, les appartements de grand luxe, deux tableaux indicateurs identiques, placés dans des endroits éloignés l'un de l'autre du même bâtiment, et qui répètent simultanément les appels et les indications de numéros, tout en restant indépendant l'un de l'autre pour la disparition du signal, ainsi que le montre le schéma II de cette planche. Ce résultat est atteint très simplement en plaçant le groupe formé par le tableau répétiteur avec sa sonnette en dérivation sur le circuit composé du premier tableau avec sa sonnerie et sa série de boutons d'appel.

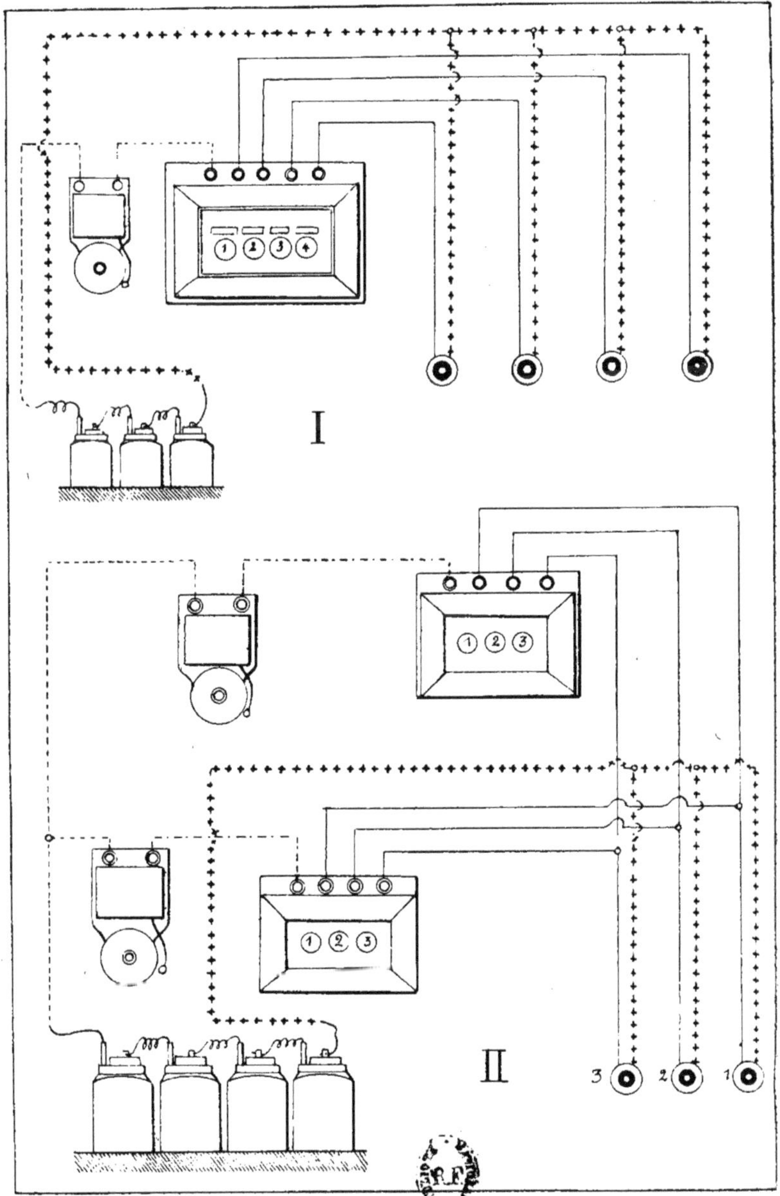

Plan 28. — I. Mise en place d'un tableau à quatre numéros. — II. Deux tableaux identiques à trois numéros fonctionnant simultanément.

PLANCHE 29

Pose d'avertisseurs électriques.

Un appareil avertisseur dont l'utilité est incontestable et qui peut être placé sur tous les circuits de sonnettes électriques sans la moindre difficulté est l'avertisseur d'incendie à barrette fusible, dont le modèle le plus simple est composé d'un petit ressort à boudin maintenu en place autour d'un noyau en bois paraffiné gros comme un crayon par un petit barreau en alliage de Darcet fondant à une température de 38 à 50 degrés suivant la proportion de bismuth contenue dans l'alliage.

Ces appareils peuvent se dissimuler près des plafonds, le long des corniches; ils sont branchés en série sur une dérivation prise sur la canalisation générale des sonnettes, dérivation qui aboutit aux deux bornes d'une sonnette d'alarme spéciale, donnant un son caractéristique.

Si la température de la pièce où est placé l'avertisseur vient à dépasser le chiffre fixé; la barrette d'alliage fond, le ressort n'étant plus maintenu se détend et, en venant toucher une lame métallique fixe, ferme le circuit qui résonne et prévient de l'élévation anormale de température survenue.

Le schéma II montre comment on peut avertir à distance à l'aide de sonnettes électriques, des variations de niveau de l'eau dans un canal ou d'une conduite à l'aide d'un fléau mobile relié à un flotteur G dont les mouvements sont transmis par un seul fil de ligne L; le retour du courant s'effectuant par le sol au moyen de plaques de terre TT.

Le récepteur est un indicateur à aiguille aimantée disposé à l'intérieur d'un tableau à guichet Q, qui peut présenter à la vue un carton portant l'indication *maximum* ou *minimum*. En même temps l'aiguille ferme le circuit de la pile locale P^1 soit sur la sonnerie M soit sur la sonnette *m*, dont le son est différent de l'autre. La bobine du tableau reçoit son courant de la pile P du poste transmetteur.

Le mouvement de l'indicateur se produit dans un sens ou

dans l'autre, suivant que le fléau mobile, relié au flotteur vient toucher les contacts 1, 4 ou les contacts 2, 3, c'est-à-dire quand il vient intervertir le sens du courant circulant dans le fil de ligne, ainsi que le montre notre schéma. Cet agencement peut présenter une grande utilité à quelqu'un qui employant comme force motrice l'eau d'une rivière éloignée de plusieurs kilomètres, a besoin de savoir à tout moment si le niveau de l'eau, à l'entrée du canal d'amenée se trouve au dessous ou au dessus de certaines limites déterminées.

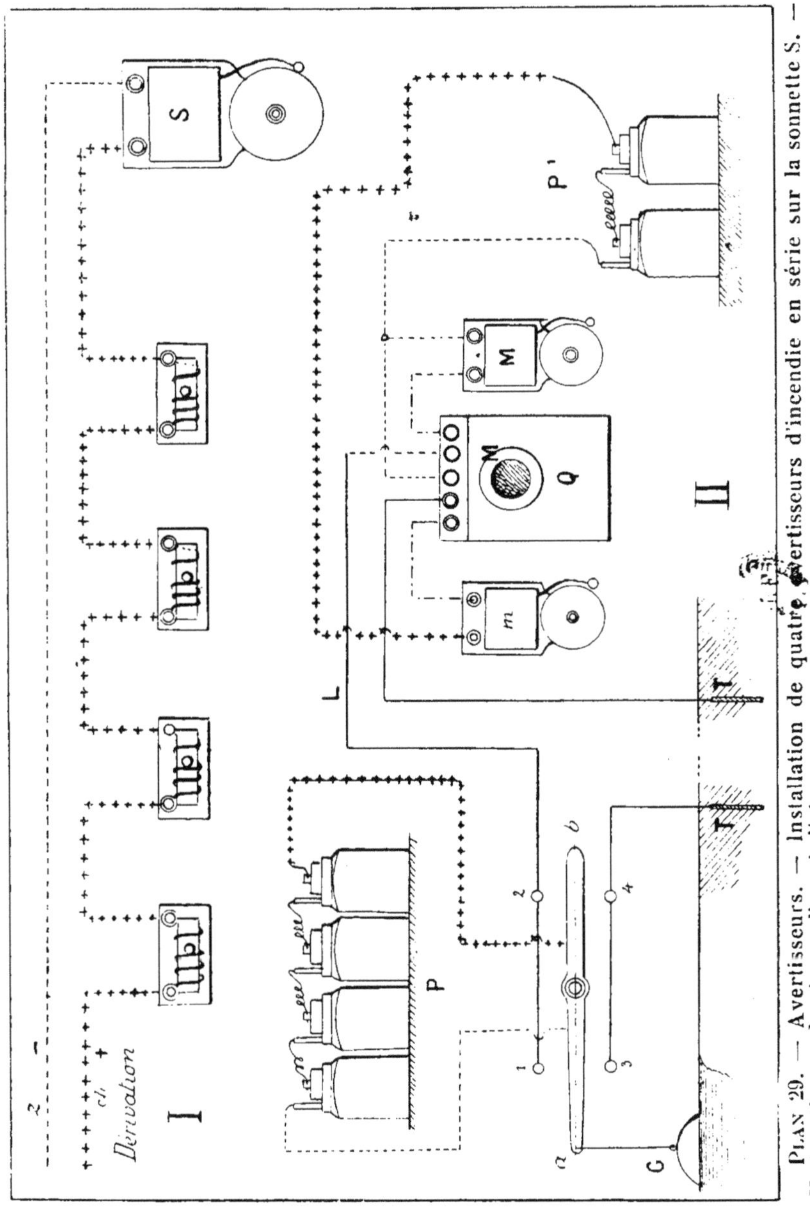

PLAN 29. — Avertisseurs. — Installation de quatre avertisseurs d'incendie en série sur la sonnette S. — II. Avertisseur de niveau d'eau à distance.

PLANCHE 30

Pose d'une serrure électrique.

L'heure répétée à distance.

De même que les sonnettes électriques à trembleur sont incontestablement plus avantageuses que les clochettes à tirage en fil de fer, il est préférable d'employer, pour la commande de l'ouverture à distance de serrures, l'électricité au lieu d'un fil de fer qui peut venir à rouiller et se rompre dans son trajet à travers l'épaisseur des murs.

Il existe dans le commerce d'excellents modèles de serrures électriques contenant un électro-aimant dont l'armature agit sur le mouvement du pêne et l'oblige à rentrer dans l'intérieur de la serrure laissant ainsi le vantail ouvert. Lorsque le courant ne passe plus dans l'électro, un ressort de rappel fait ressortir le pêne de son logement de manière à pénétrer ensuite dans la gâche lorsqu'on referme le vantail.

Le schéma I montre la disposition à donner aux conducteurs pour cette application de l'électricité. L'interrupteur est un simple bouton à paillettes fixé au mur près de la tête du lit du concierge de la maison, à la place du traditionnel cordon. Il faut une batterie de piles Leclanché d'au moins six éléments pour actionner une gâche électrique de ce genre, surtout si la distance à franchir entre la pile et la porte ainsi commandée est un peu grande.

Le schéma II représente une installation dans laquelle les heures sonnées par une pendule peuvent être répétées par toutes les sonnettes électriques de la maison ou de l'appartement. Il suffit d'adjoindre à l'horloge une lame flexible fixée par une vis sur un dé en matière isolante : ébonite, fibre, etc., de telle manière que le marteau frappant les heures puisse venir au contact de cette lame isolée. Le fil positif de la pile est relié à la masse métallique de l'appareil chronométrique, et le fil de ligne à la lame. Lorsque la pendule frappera les heures et les demies, le circuit se trouvera fermé chaque fois que la tige du marteau touchera la lame et toutes les sonnettes du réseau résonneront, répétant ainsi le nombre de coups frappés sur le timbre. Pour les heures nocturnes, on pourra mettre les sonnettes hors circuit et les rendre silencieuses en intercalant un commutateur sur le fil de ligne à sa sortie de la pendule; les sonneries électriques ne vibreront que lorsqu'on aura mis la manette sur le plot de contact.

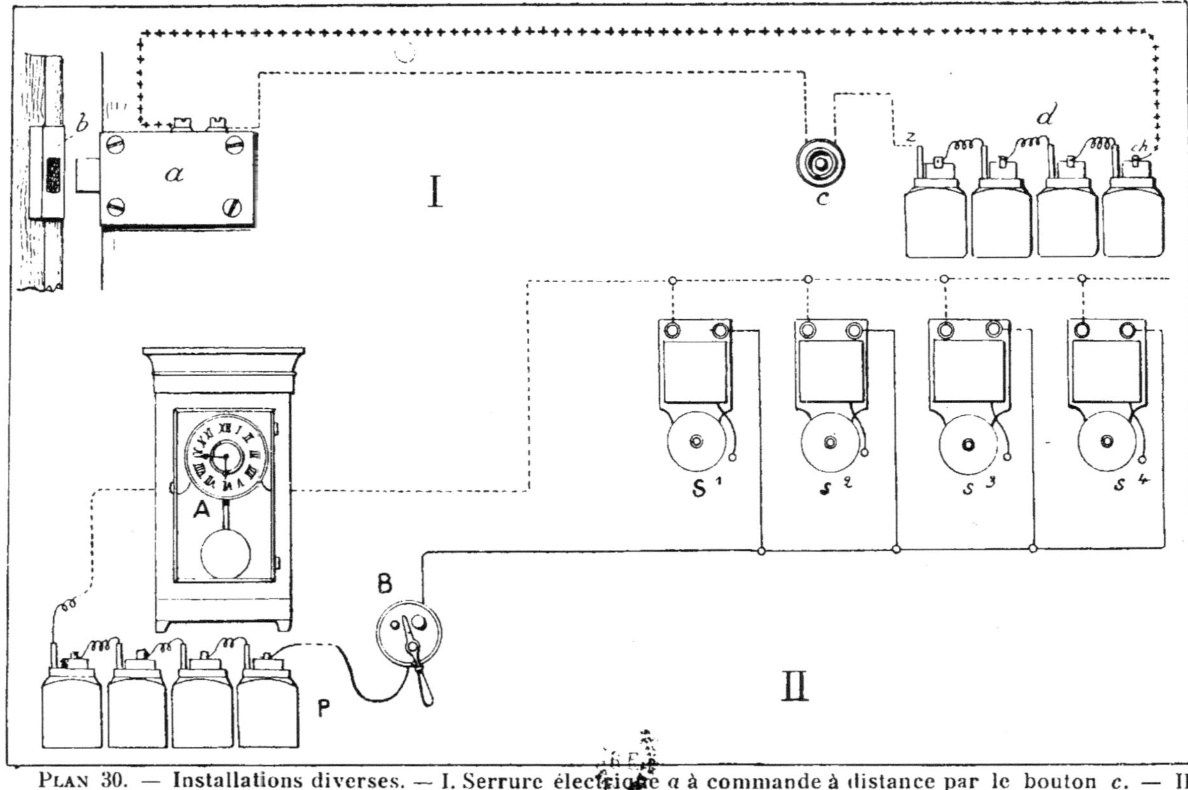

PLAN 30. — Installations diverses. — I. Serrure électrique *a* à commande à distance par le bouton *c*. — II. Répétition de l'heure à distance par les sonnette $s^1, {}^2, {}^3, {}^4$. A, pendule régulatrice ; P, batterie de piles ; B, interrupteur mettant les sonnettes hors circuit.

PLANCHE 31

Essai des paratonnerres.

Les paratonnerres à tige unique, dits de Franklin, sont plus dangereux qu'utiles lorsqu'ils ne sont pas bien entretenus et que leur isolement est insuffisant. La vérification des tiges et de leurs conducteurs doit se faire au moins une fois tous les ans; et elle se résume dans l'examen de l'état des communications entre le conducteur, la pointe et le sol, communications qui doivent toujours être parfaites. L'épreuve s'exécute en faisant circuler un faible courant dans tout le système, de manière à s'apercevoir immédiatement d'une faible interruption si elle existe.

Pour la commodité des opérateurs, on a construit des nécessaires portatifs contenant les appareils voulus pour opérer ces vérifications. Ces nécessaires comportent deux éléments de piles sèches (à sel ammoniac coagulé par de la gélose), d'une boussole, ou mieux d'un galvanomètre, d'une couronne de fil conducteur avec borne spéciale pour fixer ce fil à la pointe du paratonnerre, et enfin d'une plaque de cuivre que l'on enfonce dans le sol à proximité de l'endroit où pénètre le conducteur perd-fluide. On a ainsi un circuit métallique fermé par le sol, et par lequel s'il n'existe aucun point défectueux, circule le courant de la pile. La déviation de l'aiguille du galvanomètre indique s'il y a une résistance anormale due à un contact ou à une dégradation, dont il n'est pas difficile de découvrir ensuite l'emplacement. Il faut corriger le défaut ainsi découvert, car un paratonnerre mal isolé du bâtiment qui le supporte, peut devenir plus nuisible qu'utile et il ne fournit plus qu'une sécurité précaire.

Le schéma I représente un paratonnerre de Franklin installé sur un clocher, et dont le conducteur va se perdre dans l'eau d'un puits ne tarissant jamais. Au-dessus, on voit le galvanomètre d'essai avec les fils agencés pour la vérification. Le schéma II représente l'essai d'une tige effectuée suivant les méthodes qui viennent d'être exposées, à l'aide d'une pile, d'un galvanomètre, d'un fil conducteur et d'une plaque de terre.

PLAN 31. — I. Paratonnerre de Franklin installé sur une église de campagne et appareil de vérification de l'isolement. A, galvanomètre; B, piles. — II. Essai de l'isolement d'un paratonnerre sur une maison de campagne, *a*, tige du paratonnerre; *b*, *d*, conducteur; T, prise de terre.

PLANCHE 32

Pose des paratonnerres Melsens.

Il existe deux systèmes de paratonnerres bien distincts : celui de Franklin à pointe unique et celui dû à Melsens, caractérisé par pointes multiples. C'est celui-ci que représente notre plan 32, les tiges étant placées sur le faîtage d'un bâtiment d'école.

Avec le système de Melsens, les tiges des paratonnerres sont peu élevées, mais nombreuses et également réparties sur toute la longueur du toit. L'économie, qui, dans ce cas, marche parallèlement à la théorie, conseillent naturellement le nombre et la position convenant pour la protection d'un bâtiment de dispositions déterminées. Les pointes comportent plusieurs branches divergentes, trois ou cinq, ordinairement. Le métal le plus convenable est le fer galvanisé ; c'est celui qui donne les meilleurs résultats pour ce genre d'installation, et présente l'avantage du coût le moins élevé. Sur les couvertures métalliques secondaires, sur les conduites de dégorgement d'eau pluviale, sur les supports du conducteur conduisant la décharge atmosphérique au sol, on place de petites pointes protectrices dont la présence augmente l'efficacité du paratonnerre.

Le conducteur de décharge ne doit pas être isolé sur son trajet ; bien au contraire, toutes les parties métalliques intérieures et extérieures de l'édifice seront réunies au système de protection de manière à constituer un ensemble complet. Il faut donc réunir au conducteur toutes les pointes, les conduites d'eau, tuyaux métalliques d'évacuation des eaux ménagères, le toit s'il est fait de feuilles de zinc, enfin, toute la tuyauterie de l'habitation et même les clefs de fer ou *ancres* soutenant les murs.

Les conducteurs de décharge seront le plus nombreux possible. Dans l'exemple donné par le plan 32, ces conducteurs sont au nombre de quatre, un sur chaque face de la construction. Celle-ci se trouve enveloppée, par suite, dans une espèce de cage métallique. Plus la section totale de conducteurs sera grande et meilleure sera la sécurité obtenue avec cet agencement.

Il n'est pas nécessaire de creuser des puits pour noyer le pied des conducteurs dans l'eau ; les conducteurs seront simplement enterrés à une certaine profondeur dans le sol humide où leur extrémité sera soudée à une grosse conduite souterraine, une conduite d'eau bien entendu et non un tuyau de gaz. S'il existe plusieurs conducteurs, on les réunira tous ensemble, de manière à constituer un circuit complet enveloppant le bâtiment dont la sécurité est assurée, la décharge atmosphérique trouvant un chemin aisé pour se perdre dans le sol sans endommager la maison ainsi garantie.

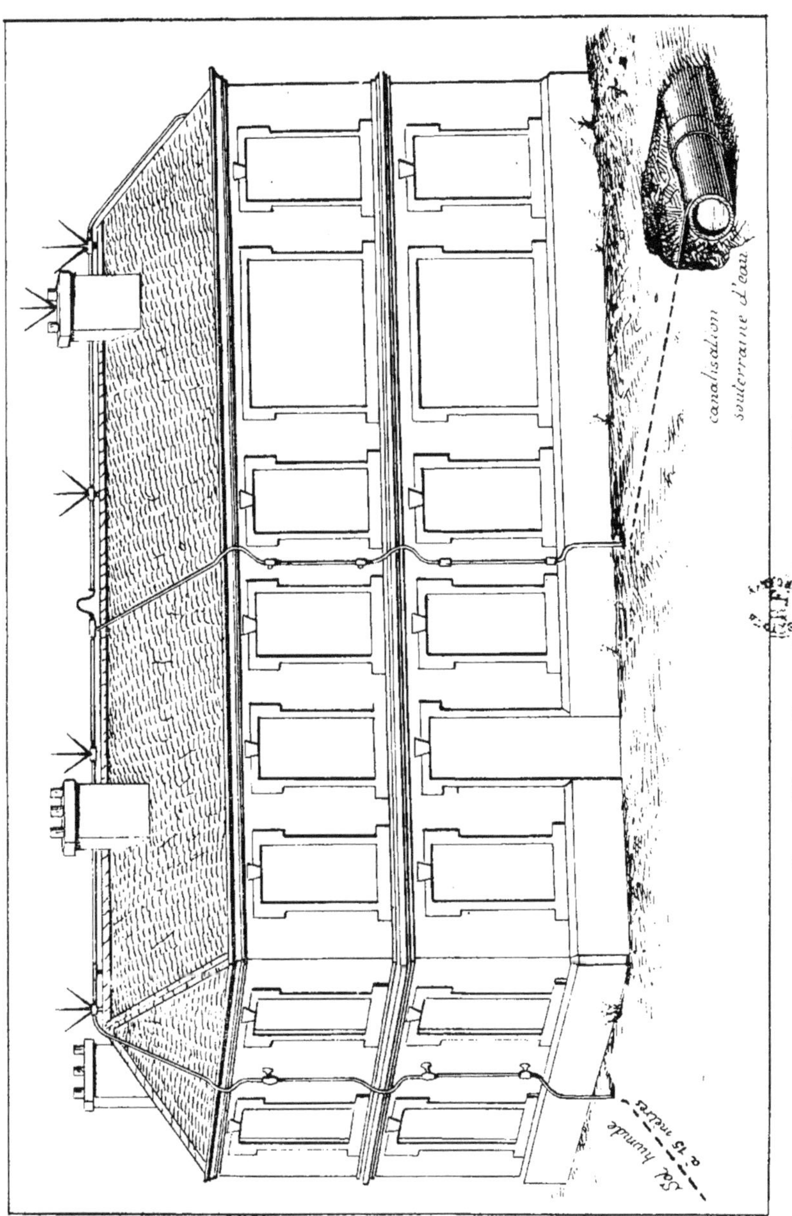

PLAN 32. — Pose de paratonnerres Melsens.

Librairie GAUTHIER-VILLARS et Cie, 55, Quai des Grands-Augustins, PARIS

Encyclopédie industrielle

Aéroplanes, par H. de GRAFFIGNY ..... 8 »
Aérostation, par DE FONVIELLE ..... 10 »
Alcool (Fab. de l') par ROBINET et CANU .. 6 »
Alcools (Table des), par DUSSERT ..... 9 »
Aluminium, par AD. MINET. 2 vol ..... 18 »
Ammoniaque (Fab. de l'), par TRUCHOT. 12 »
Automobile (Catéchisme) de GRAFFIGNY. 7 50
Automobiles (Constructeur) par FARMAN. 13 50
Blanchissage du linge, par de KÉOHEL. 3 »
Boulanger, par E. FAVRAIS ..... 24 »
Brasseur-Chimiste, par FONTAINE ..... 10 »
Bridge (Manuel de), par REVEILLAUD .... 8 »
Briquetier (Manuel du), par LEJEUNE ... 15 »
Catéchisme des Chauffeurs ..... 10 »
Chaufournier-Plâtrier, par LEJEUNE ... 15 »
Chemins de fer, par BELLET et DARVILLÉ (Constructions) (1re partie) ..... 8 »
Cirages (Fabrication) par DESMAREST ... »
Cité moderne, par BELLET et DARVILLÉ. 20 »
Conserves alimentaires, par DE NOTER. 7 50
Constructeur Electricien, PARDINI ....
Construction Moderne, par Ch. SÉE ..
Constructions rustiques, HASLUCK .... 6 »
Corne (Manuel de la), par PÉGAT ..... 4 »
Corps gras, par VILLON ..... 12 »
Couleurs (Fabricant), par COFFIGNIER .. 20 »
Diamant artificiel, par de BOISMENU ... 10 »
Dorure, Argenture, par GHERSI ..... 9 »
Eclairage électrique (Album de plans de pose d'), par H. de GRAFFIGNY.
Electricité (Album de plans de pose de Force par l'), par H. de GRAFFIGNY ... 7 »
Encres (Fabrication), par DESMAREST ... 12 »
Filature (Manuel de), par J. DANTZER, 3 volumes ..... 15 »
Filets de pêche, par VANNETELLE 7 50
Galvanoplastie, par BRUNEL ..... 8 »
Lactose (Fabric.), par BELTZER ..... 10 »
Laminage du fer, par NEVEU et HENRY. 80 »
Légumes et Fruits des cinq parties du Monde, par R. DE NOTER. 2 vol .. 18 »
Lithopone, par Ch. COFFIGNIER ..... 4 »
Machines (Montage), par BLANCARNOUX. 4 »
Mécanicien de la Marine, 1re partie, par GALOPIN ..... 6 »
Menuiserie (Manuel de), par PÉCHALAT .. 7 50
Mines (Exploitation), par LUPTON .... 20 »
Monteur-Electricien. J. LAFFARGUE .... 30 »
Naturaliste-Empailleur, par HASLUCK. 6 »
L'Or, par DE LA COUX ..... 10 »
Papiers (Fabr. de) par DESMAREST. .... 20 »
Parfumeur (Manuel du), par ASKINSON. 12 »
Pêcheur à la ligne, par LANORVILLE ... 7 50
Perles et Nacres, par DE KÉOHEL .... 3 »
Photographie en couleurs. E. COUSTET 5 »
Pierre artificielle, par STOFFER ..... 9 »
Piles électriques, par MICHEL ..... 6 »
Prospecteur (Manuel du) par ANDERSON. 10 »
Radium (Le), par J. ESCARD ..... 6 »
Recettes pratiques, par D. BELLET .... 4 »
Savonnier (Manuel du), par CALMELS .. 7 50
Sonneries électriques (Album de plans de pose), par H. DE GRAFFIGNY ..... 7 »
Soude électrolytique, par BROCHET ... 20 »
Télégraphie sans fil, par GALOPIN 13 50
Téléphone (Album de plans de pose), par H. DE GRAFFIGNY ..... 7 »
Téléphone (Manuel du), par SCHWARTZE. 8 »
Téléphonie (Manuel de), WIETLISBACH. 8 »
Tourbe et Lignite, par G. FRANCHE ... 4 »
Tramways électriques, par G. DAUSSY. 10 »
Vannerie, par HASLUCK et GRUNY ......
Vinaigre, par CH. FRANCHE ..... 9 »
Vins rouges et blancs, par ROBINET ... 10 »
Vins mousseux, par ROBINET ..... 10 »
Vins (Analyse des) par ROBINET .....

Petite Encyclopédie d'Agriculture

Huit volumes, 500 figures

par

MM. RIGAUX, LARBALETRIER, LEGRAND et MENUS

1. Les Engrais ..... 3 »
2. L'Elevage du Bétail ..... 3 »
3. Le Lait, le beurre et le fromage ..... 6 »
4. Machines agricoles ..... 3 »
5. Les Céréales et les Fourrages ..... 3 »
6. Les Arbres fruitiers et la Vigne ..... 6 »
7. Le Cidre et le Poiré ..... 3 »
8. Les Volailles, Lapins et Abeilles 4 50

Manuel de l'Ouvrier Mécanicien

Dix volumes avec 1500 figures

1. Mécanique générale par G. FRANCHE 9 »
2. Outils, Machines-Outils ..... » 6 »
3. Forge, Fonderie ..... » 6 »
4. Engrenages, Transmissions ..... » 6 »
5. Boulons, Rivets, Chaudronnerie. » 6 »
6. Machines à vapeur ..... » 6 »
7. Moteurs à gaz ..... »
8. Hydraulique ..... » 6 »
9. Tourneur et Fileteur ..... » 6 »
10. Dessin d'atelier ..... » 6 »

Manuel de l'Apprenti et de l'Amateur électricien

Cinq volumes avec 500 figures
par MM. MARIE, ZÉDA et DE GRAFFIGNY

1. Principes d'électricité ..... 6 »
2. Sonneries électriques, Paratonnerres ... 5 »
3. Les Téléphones publics et privés ..... 5 »
4. Tramways et chem. de fer électriques .. 6 »
5. Eclairage électr. dans les appartem .... 5 »

71248-23 — Imprimerie Gauthier-Villars et Cie, 55, quai des Grands-Augustins, Paris.

www.ingramcontent.com/pod-product-compliance
Ingram Content Group UK Ltd.
Pitfield, Milton Keynes, MK11 3LW, UK
UKHW021058270726
13994UKWH00009B/530

9 782329 437323